电力企业班组长安全管理知识

卢 伟 编著

“理论+方法+工具+模板”四位一体

·向班组长提供·
安全管理技能提升方案

中国劳动社会保障出版社

图书在版编目(CIP)数据

电力企业班组长安全管理知识/卢伟编著. —北京：中国劳动社会保障出版社，2013

班组长职业能力提升系列丛书

ISBN 978-7-5167-0143-0

Ⅰ.①电… Ⅱ.①卢… Ⅲ.①电力工业-生产小组-工业企业管理-安全管理 Ⅳ.①TM08

中国版本图书馆 CIP 数据核字(2013)第 021634 号

中国劳动社会保障出版社出版发行

(北京市惠新东街 1 号 邮政编码：100029)

出 版 人：张梦欣

*

北京金明盛印刷有限公司印刷装订 新华书店经销

880 毫米×1230 毫米 32 开本 8.125 印张 207 千字

2013 年 4 月第 1 版 2013 年 4 月第 1 次印刷

定价：24.00 元

读者服务部电话：(010) 64929211/64921644/84643933

发行部电话：(010) 64961894

出版社网址：http://www.class.com.cn

“班组长职业能力提升系列丛书”序言

班组长是企业生产管理的直接指挥者和现场组织者，是企业与生产员工主要的沟通桥梁，也是企业最基层的负责人。班组长管理水平的高低直接影响班组的效率和士气，从而影响企业产品的生产进度、质量以及生产安全等。

相信不少班组长在工作的过程中，都遇到过以下几大类问题：有计划无调度、紧急订单生产无秩序、生产线不均衡、现场管理混乱、工艺准备不充分、防呆措施不充分、设备维护不到位、生产效率低下、质量问题层出不穷……

“班组长职业能力提升系列丛书”力图为企业及生产一线的班组长解决上述困扰，全面阐述班组管理的实用知识与技巧，并提供了“拿来即用”的制度、方案、表单等工具，以帮助企业打造一支高士气、高效率、零缺陷、低损耗的班组。

本系列丛书具有以下三大优势。

一、知识体系健全

在生产现场，班组长的主要任务是交货期管理D（Delivery）、成本管理C（Cost）、质量管理Q（Quality）、设备管理M（Machine）、安全管理S（Safety）、班组员工与劳务管理H（Human）。“班组长职业能力提升系列丛书”按照这一体系进行分册编写，全面阐述了班组长管理基础知识、现场管理知识、安全管理知识、成本管理知识、质量控制知识、设备管理知识等，书的内容针对性强，适合开展班组长专题培训时使用。

二、突出行业班组的特殊性

在不同的行业中，班组长的工作方式、工作重点差别很大。因此，专业化、行业化的班组图书才能更好地适应不同行业班组的真正需要。“班组长职业能力提升系列丛书”根据这一需求，特别针对冶金、电力等特殊行业的班组安全管理，单独重点编写，有利于特殊行业的班组借鉴使用。

三、理论方法与实战工具相结合

“班组长职业能力提升系列丛书”突破了以前单品种班组长培训图书只讲理论方法的局限性，将理论知识与班组长的工作实践相结合，在阐述班组管理理论知识与方法的同时，还提供了大量的制度、方案、案例、表单等工具模板，真正做到了实际、实用，不仅有利于班组长建立健全自身的知识体系，还可以在实际工作中“拿来即用”或“稍改即用”。

所以，本系列丛书既可以作为企业实施生产班组管理的指导手册，也可以作为班组长进行自我培训的指导用书。

前言

“班组长职业能力提升系列丛书”第一批共推出8本，《电力企业班组长安全管理知识》是其中的一本。做好安全生产管理，能够保护劳动者在生产过程中的安全，最大限度地减少作业人员工伤和职业病，保护其生命安全和身体健康，所以班组必须重视生产安全管理。

安全管理是指为了预防生产过程中发生人身、设备事故，形成良好的劳动环境和作业秩序而采取的一系列措施和活动。本书详细叙述了班组长在安全管理中会用到的管理知识、方法与实用工具。全书具有以下三大特点。

一、内容全面实用

本书内容主要包括班组安全管理目标与责任、安全事故与危害、发电企业电力生产安全、供电企业电力生产安全、现场作业安全管理、班组标准化作业管理、事故预防与急救、班组安全制度与教育、班组安全文化建设、班组安全生产管理体系、班组安全心态管理、电力安全法律法规12大事项，并针对现场安全隐患的发现、分析与解决给出相应的工具与对策。

二、图文并茂便于阅读

本书集结了作者多年在企业指导、咨询过程中实际运用的资料和工具，其最大的特点就是以图文并茂的形式，将理论与实践密切结合，既生动地介绍了生产现场的相关理论，又将与生产一线紧密相关的案例、经验介绍给读者。

三、实战工具便于使用

因书中给出的图表、制度、方案、案例、工具大部分都是作者在生产现场实际经过演练和操作的，所以读者只需根据本企业的实际稍加改动或“拿来即用”，就可以让它们在生产现场的管理工作中发挥作用。在本书编写的过程中，董连香、刘井学、程富建、刘伟、董建华负责资料的收集和整理，赵帅、董芳芳、任玉珍、李苏洋、廖应涵负责图表的编排，池永明负责编写了本书的第一章，姚小风负责编写了本书的第二章，赵红梅负责编写了本书的第三章，韦建华负责编写了本书的第四章，孙玖凡负责编写了本书的第五章，高玉卓负责编写了本书的第六章，杨晓溪负责编写了本书的第七章，杨雪负责编写了本书的第八章，王胜会负责编写了本书的第九章，李育蔚负责编写了本书的第十章，程淑丽负责编写了本书的第十一章，袁晓烈负责编写了本书的第十二章，全书由卢伟统撰定稿。

准正锐质生产管理咨询中心

2012年12月

内容提要

这是一本关于电力企业实施生产班组安全管理的指导手册，是班组长进行自我培训、提升现场管理技能的指导用书。

本书从电力企业生产安全管理的实际出发，详细阐述了班组安全管理目标与责任、安全事故与危害、发电企业电力生产安全、供电企业电力生产安全、现场作业安全管理、班组标准化作业管理、事故预防与急救、班组安全制度与教育、班组安全文化建设、班组安全生产管理体系、班组安全心态管理、电力安全法律法规12大事项，并针对安全问题的发现、分析与解决给出相应的实用工具与对策，理论性、实操性二者兼具。

本书适合电力企业生产部管理人员、人力资源部或培训部人员、生产现场管理人员（班组长、线长、拉长、工段长等）以及生产管理领域的人员研究、阅读和使用。

CONTENTS 目录

第1章　电力班组安全管理的内容

1.1　班组安全管理的事项

1.1.1　班组安全目标责任

电力企业在进行安全生产管理时，一般采用安全目标管理的方法。通过科学分析和具体单位的实际安全管理水平，明确各单位在指定的时间内所要达到的安全目标，并将这些目标用指标的形式确定下来，在月末、季末、年末对各项指标的完成情况进行考核和评价，将其作为衡量各单位安全管理工作成效的重要依据。

班组作为企业的基层执行单位，直接承担着企业安全生产运营的重任。为实现企业安全生产目标，就必须将这些目标层层分解并具体落实到各班组，才能取得应有的效果。

1.1.2　班组安全制度管理

企业安全管理工作中，科学严谨的安全管理制度体系和严格的日常安全管理是十分重要的。安全管理制度作为安全管理工作的作业基准，是开展安全管理工作的基本前提。

班组长应积极配合高层管理人员完善企业的安全制度体系，建立“电力设备安全操作标准”“企业一线班组安全责任制度”“安全生产违规处罚规定”“安全目标管理考核细则”及“安全生产风险抵押金实施办法”等规章制度，明确班组成员的各项安全工作内容，规范作业标准，制定奖惩措施等，保证安全管理的顺利进行。

1.1.3　班组安全作业管理

班组安全作业是企业安全管理的基本作用主体，班组安全作业管理从根本上决定着企业安全管理工作的成败。

“安全第一，预防为主，综合治理”是企业安全生产的基本方针，也是班组长进行安全作业管理的基本要求。班组长安全作业管理工作主要包括：全面推行标准化作业，监督以及考核班组成员的安全作业情况等，杜绝班组作业中的安全隐患，并有效提高工作效率。

1.1.4 班组安全教育管理

电力企业作业具有一定的风险性，对一线班组的安全教育工作直接关系到班组成员对安全基本知识的掌握程度、安全管理素质以及安全意识水平等。安全教育通过有目的、分层次、分岗位、分工种、有针对性地进行员工安全技术、责任和能力的培训，避免和减少各类电力安全事故的发生，是电力企业实现安全生产目标的重要措施。

各班组开展安全教育工作，除了传统的强制性安全教育外，还应积极进行安全教育创新，积极运用多媒体课件和小组竞赛等员工易于接受的形式进行经常性的教育，使班组成员在提高安全意识的同时，掌握更多的安全知识和技能。

1.1.5 班组安全台账管理

班组安全台账管理是积累安全生产工作经验的主要途径，同时也是事故发生后调查分析的主要依据。班组安全台账主要包括：安全生产会议台账、安全生产宣传教育和培训台账、安全生产检查台账、安全生产隐患治理台账、安全工作考核与奖惩台账、安全防护用品台账、事故预案台账等。

班组安全台账管理的基本工作是制定并落实班组安全台账管理制度，严格监督班组成员对该项制度的执行情况，以保证台账中所收集的信息真实可靠，台账信息记录和更新及时，内容填写规范，相关信息便于查找。

1.1.6 班组安全器具管理

电力企业班组安全器具是安全生产的基础硬件之一，是直接保障作业人员人身安全的重要手段。班组应注意加强对安全器具的质量、使用和保管管理。班组长应在班组内指派专人负责发放、回收、保管安全器具，制定并落实安全器具使用规范、安全器具检修制度以及安全器具报废制度等，并组织安全器具的使用培训，保证作业人员在作业时安全防护工作的准确到位。

1.1.7 班组安全事故管理

电力企业因其产品服务特点，一线班组作业往往具有相当高的风险，即使在作业前做好了预防措施、消除了硬件的设施隐患，还是有可能因外力破坏或人员疏忽造成安全事故的发生。因此，班组长应加强对安全事故的管理工作，掌握作业区域内的危险源和可能发生的事故类型，积极制定事故应急处理预案和快速反应机制，不断总结经验，改进安全管理和事故处理机制等。

1.1.8 班组安全文化建设

企业安全文化是安全管理的基础，它通过向员工提出一种安全文化理念，使员工认可、接受该理念，并将该理念运用到工作中，达到降低安全风险的目的。电力企业能够通过提高一线员工的安全文化素质来有效预防安全事故的发生，并减少事故发生造成的人员伤亡及财产损失。

电力企业班组进行安全文化建设时，必须体现出“以人为本”的核心理念，通过建设观念文化、行为文化、制度文化、物态文化等，将这一核心理念渗透到安全管理各要素中，使安全管理系统发挥出整体功能。

1.1.9 班组日常安全管理

班组作为企业安全管理的基层单位，班组长应以高标准要求每一名班组成员，抓好班组日常安全管理工作，以此来保证年度安全管理目标的实现。

班组长在进行班组日常安全管理时，可通过完善安全制度体系来推进班组安全作业标准化、安全生产日常管理规范化的进程。班组长还应严格监督班组作业中安全制度的执行。并要定期进行安全检查，将安全管理目标、安全责任制与奖惩挂钩，奖励先进，鞭策后进，保证安全管理目标的达成。

1.1.10 班组安全体系建设

电力企业安全体系是对安全风险预知、安全措施执行和安全监督三大类工作进行整合，所形成的安全管理基本架构，是安全生产的基本保障。电力企业的安全体系，主要包括安全保证、安全监督和安全评估三大体系。

安全保证体系和安全评估体系的基本工作内容是安全风险识别、风险评估、风险控制以及风险改进等。安全监督体系的工作是以安全监督和安全管理为主，以不定期抽查为辅的监督检查方式。班组建立安全体系，可通过理清班组内部安全管理关系，明确各成员安全管理职责，使安全管理更加规范化、科学化，使安全管理的整体功能得以发挥。

1.1.11 班组安全心理管理

班组安全管理是以人为中心的活动，而员工行为主要受心理活动支配。因此，班组长应加强对班组成员安全心理方面的管理。

安全心理管理内容主要包括对作业过程中违规人员的心理活动及规律进行分析和研究，有针对性地开展安全教育，加强员工的安全危机意识，采取有效的事故预防措施及奖惩制度，调动班组成员安全生产工作的积极性。

1.1.12 安全生产法律法规教育

国家颁布的电力企业安全生产相关的法律法规是电力企业进行安全管理工作的最高准则。安全生产相关法律法规主要包括《中华人民共和国电力法》《电力生产事故调查暂行规定》《电业安全工作规程》《电力建设安全工作规程》《防止电力生产重大事故二十五项重点要求》等，并构成了严谨的法律法规体系。

安全生产法律法规严格规定了电力企业和相关作业人员在安全生产中的权利和义务，以及进行安全生产需具备的相应资质，并严格规定了违规企业和个人所应负担的行政、民事和刑事责任。

1.2　班组安全工作的开展

1.2.1　安全工作开展形式

安全工作开展形式主要是指为实现安全管理目标而采用的相关措施，它不仅是开展安全管理工作的基础，同时也是安全生产工作计划的重要组成部分。

安全工作开展形式直接决定着企业安全管理的效果，根据安全目标的要求，安全工作开展形式主要分为安全工作落实和促进两种类型，班组长需要根据实际需求选择合适的安全工作开展形式，激发班组成员的积极性、创造性及主动性，实现班组安全管理工作科学化、规范化和制度化。

1.2.2　安全生产工作计划

安全生产工作计划是企业进行安全管理工作的前提，安全生产工作计划一般与企业生产计划一同制订并执行。

班组长制订的安全生产工作计划主要包括对企业级、部门（车间）级安全管理目标进行分解，将班组的安全管理、安全教育、安全活动、隐患整改等各项活动的管理目标量化，确定班组安全管理工作，制定工作进度，形成完整的书面文件五项内容。

1.2.3　安全生产工作执行

安全生产工作执行是企业进行安全管理工作的主体环节，为保证安全管理目标的实现，必须保证班组成员严格按照安全生产工作计划进行工作，在分析有利因素和不利因素的基础上，重点解决好生产现场作业、人员、设备、设施及作业环境中存在的问题。

安全生产工作执行主要包括制定保证目标实现的各种措施，提高作业设备、设施的安全可靠性，从硬件上排除安全隐患，规范安全作业标准，提高作业人员的安全意识和安全技术水平，减少违章现象，从软件上降低生产现场的安全风险。

1.2.4 安全生产工作考核

安全生产工作考核是检验安全管理工作成效的重要手段。班组进行安全生产工作考核，主要包括定期对安全目标进度进行检查，以及在生产计划完成后，对班组经济技术指标和安全管理指标进行定量考核两项内容。安全考核工作要严格按照安全管理目标的定量要求进行。安全生产考核工作应与安全责任制和安全管理目标相联系，以避免考核时出现考核人员职责不清，负责范围交叉等现象，使安全生产工作考核结果严重脱离事实。

第2章　班组安全管理目标与责任

2.1　班组安全管理目标

2.1.1　安全管理目标的制定

为了合理发挥安全目标管理的作用，实现企业安全生产经营目标的良性循环，企业各层（级）管理人员在制定安全管理目标时，必须注重安全目标的科学性和合理性。

1. 班组安全管理目标的制定依据

班组安全管理目标的制定应注意对制定依据的把控，保证目标的合法合理。班组安全管理目标的制定依据如图2—1所示。

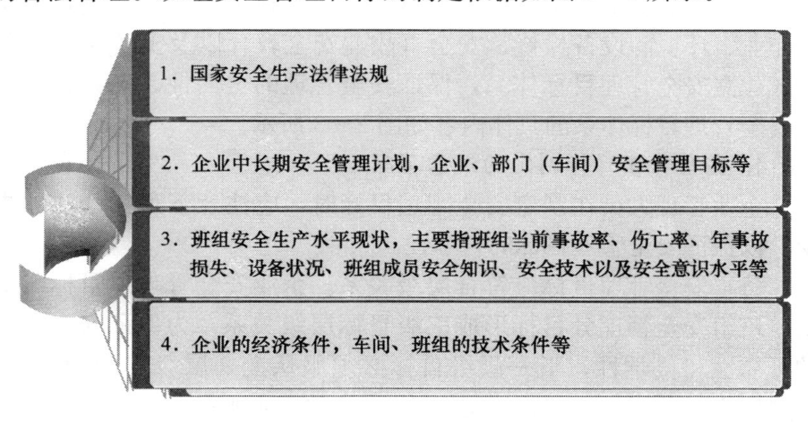

图2—1　班组安全管理目标的制定依据

2. 班组安全管理目标的制定方式

安全管理目标的制定可从作业、环境、设备检修、安全事故、安全教育以及安全文化等角度出发，进行安全目标的制定。具体的制定方式如图 2—2 所示。

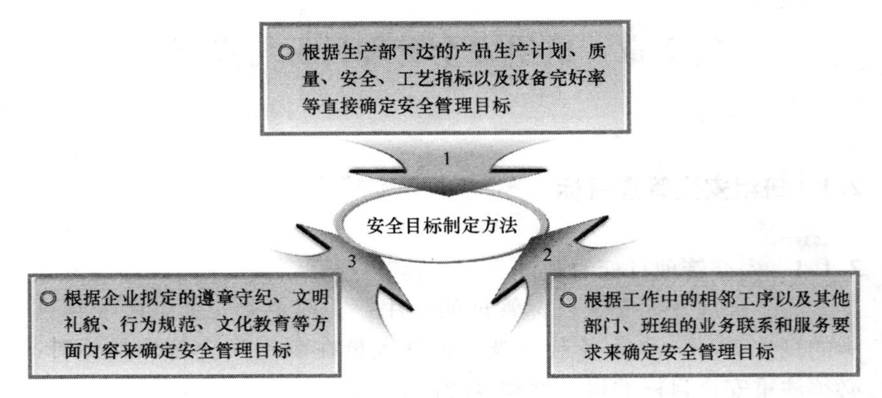

图 2—2　安全目标制定方式

3. 安全管理目标体系的内容

电力企业班组确定安全管理目标，并非指单一管理目标，而是从作业、环境、设备检修、安全事故、安全教育以及安全文化等角度，建立安全管理目标体系，保证安全管理的全面性。电力企业班组安全管理目标体系的具体内容如图 2—3 所示。

4. 安全管理目标制定的注意事项

企业管理人员在制定安全管理目标时，应注意下列三个注意事项，以保证安全管理目标的科学性。

（1）安全管理目标应符合层级关系。企业安全管理总目标与部门、班组安全管理分目标形成三级目标层级关系，为保证安全管理的可靠性和科学性，下一层级目标必须服从上一层级的管理目标，并层层递进。安全管理目标层级关系如图 2—4 所示。

班组安全管理要在企业安全管理目标层级关系的指向下，形成个人向班组、班组向部门（车间）、部门（车间）向企业负责的层级过渡。

（2）安全管理目标需与实际相结合。班组安全管理目标应是班

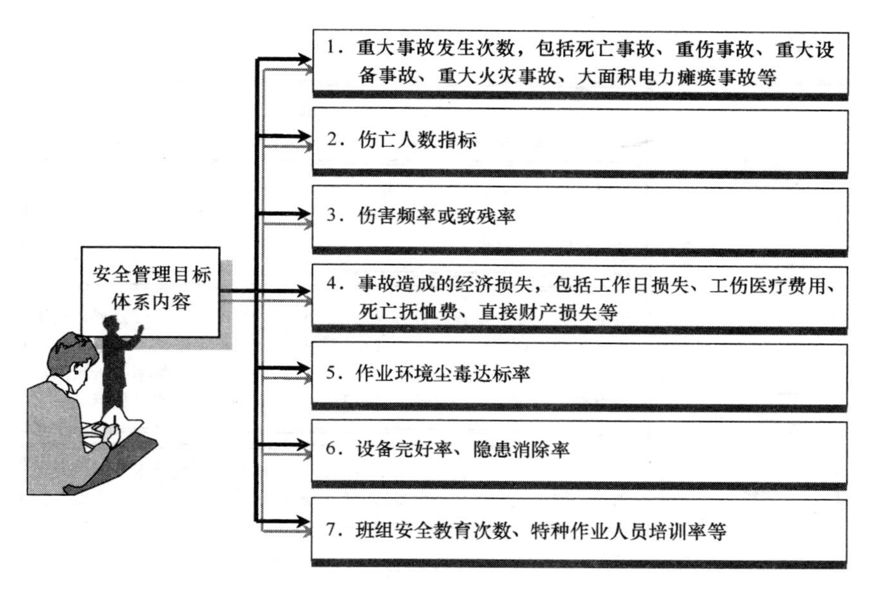

图 2—3 安全管理目标体系的内容

组安全技术与管理水平理想状态的反映。因此，安全管理目标应从实际出发，符合班组的实际安全管理水平。

因此，班组在分解制定安全管理目标过程中，应积极结合实际和历史安全管理数据进行。安全管理目标的具体制定步骤如图 2—5 所示。

图 2—4 安全管理目标各层级关系

(3) 明确班组各成员的安全管理目标。在确定班组安全目标的基础上，班组长还应要求班组内成员制定自己的年度安全目标，并根据每个成员的实际情况，如安全意识、业务技术水平、工种、实际工作中的安全状况、所管辖设备的实际状况等，对班组成员的安全目标进行调整。

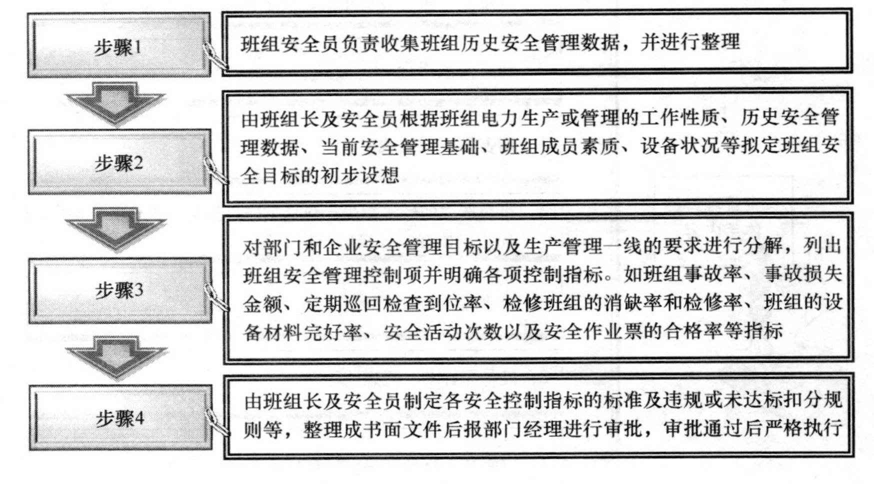

图 2—5　安全管理目标制定步骤

通过制定班组成员的安全目标，将班组各成员安全管理目标工作内容细化，使每个班组成员明确自己在安全管理体系中的地位和作用以及为实现班组安全管理目标所承担的责任，避免班组成员的违规违纪、管理混乱以及无用功的出现，促进班组安全状况的改进。

2.1.2　安全管理目标的实施

1. 安全管理目标的实施计划

安全管理目标只是一种纲领性的文件。要将这种纲领性文件付诸实施，使其变为企业各部门、各班组及班组成员的实际行动，还必须进一步制订周密的实施计划。

安全管理目标的实施计划应当包括四个方面的内容，具体如下所述。

（1）根据管理目标本身的要求及目标实施中的主要矛盾，确定目标实施的战略重点。

（2）根据目标实施的战略重点及每个时期可能提供的条件和达到的水平，确定目标实施的战略步骤。目标实施战略步骤的确定，实际上就是把总目标划分为阶段目标，从而使目标的实施时间更加具体化。

（3）将安全管理目标从内容上分解为各种不同层次的分目标，并按各部门、各单位、各岗位直至每个员工承担的任务和责任进行层层落实，使整个安全管理系统成为一个既有分工、又有协作的目标责任系统，调动一切积极因素，为总目标的实现而共同奋斗。

（4）制定合理的安全奖惩政策，采取有效的调控手段，保证安全生产管理目标的实施能够争先恐后、协调平衡地进行。

2. 安全管理目标的实施

安全管理工作附属于生产管理，因此，安全管理目标的实施应贯穿于生产管理的整个过程中，安全管理目标的实施遵循生产的PDCA循环进行，其具体表现如图2—6所示。

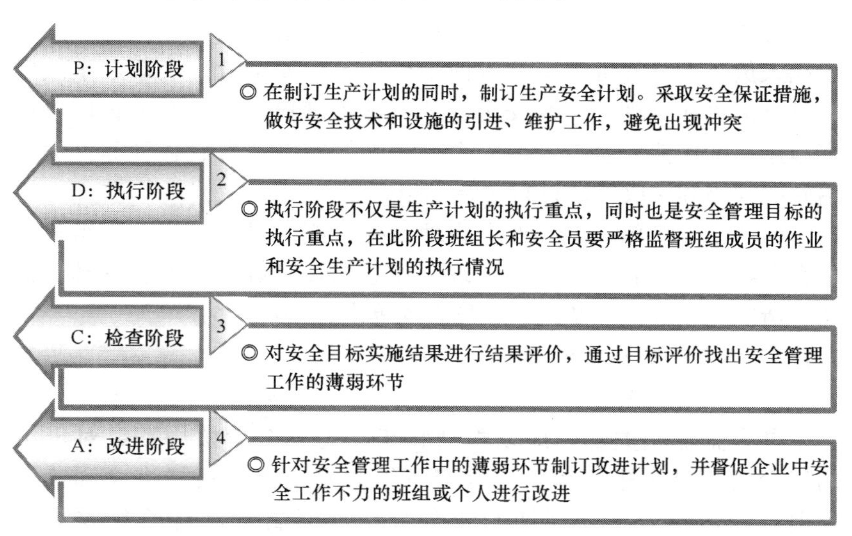

图2—6　PDCA循环中安全管理目标实施的具体内容

3. 安全管理目标实施结果管理

班组安全管理目标实施结果的直接表现为计划期内事故发生情况，对于从事故角度无法清晰判断安全管理目标实施结果的，应根据数学统计方法对班组各项安全管理表单所呈现数据进行趋势分析。主要安全管理表单如图 2—7 所示。

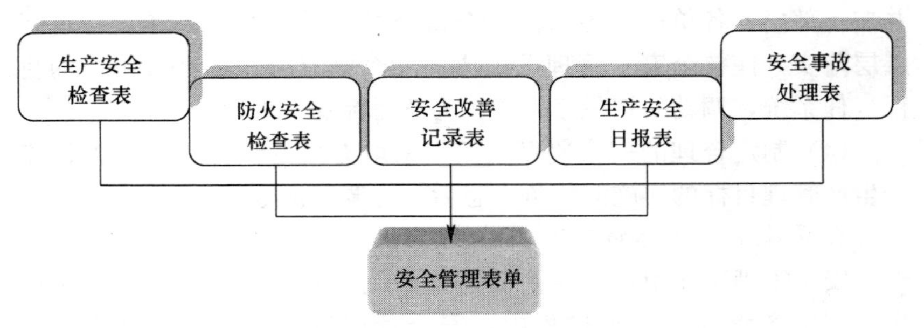

图 2—7 主要安全管理表单

为便于上级部门了解安全管理目标实施情况，班组长应每月初组织人员对上月的班组交接班记录以及各项安全管理表单和事故资料进行汇总和整理，编制安全管理目标进度报告，对安全管理目标实施过程中作业安全、现场安全、安全教育以及事故管理等方面所遇到的问题和解决方法进行总结上报。

为便于上级部门了解安全管理目标实施的最终结果，班组长还应在每年年末编制安全目标管理工作总结，对班组内安全管理目标实施情况、完成情况及班组成员表现等内容进行总结。

2.1.3 安全管理目标的考核

1. 安全管理目标考核的执行

电力企业相关部门应以季度和年度为一个考核周期，对班组的安全管理情况进行考核，确定班组的安全管理目标进度和达标情况，以达到为下一周期的安全管理目标制定进行信息收集的目的。

2. 安全管理目标考核的内容

电力企业相关部门应着重对班组作业安全、现场安全、安全教育以及事故管理等安全管理目标项目进行考核，表2—1为某电力企业班组安全管理目标考核表。

表2—1　　班组安全管理目标考核表

被考核班组：　　　编表人：　　　日期：　　年　月　日

序号	考核项目	考核内容	总分	检查情况	考核得分
1	作业安全管理	严格落实班前会和交接班制度，并做好交接班记录	5		
		实现劳动防护标准化。上岗前应按规定穿戴好符合国家标准、统一规范的个人劳动防护用品和安全护具	5		
		每个岗位制定规范的安全操作规程或作业指导书，且员工熟练掌握生产工序内每项操作	5		
		作业人员认真执行安全操作规程和各项规章制度。无冒险蛮干，无违规操作，无违章指挥等现象，杜绝疲劳作业	5		
		操作人员持证上岗	5		
2	现场安全管理	作业设备清洁完好，无跑、冒、滴、漏现象	5		
		作业环境文明整洁，无垃圾、无油渣、无杂物，物料和工具堆放整齐，保证安全通道畅通	5		
		作业区、设备、设施上危害告知和安全警示标志、标识，要醒目、齐全、整洁、规范、统一	5		
		定期组织开展安全隐患排查活动。并有针对性地进行限期整改，整改情况应记入档案，无能力整改的及时上报	5		

续表

序号	考核项目	考核内容	总分	检查情况	考核得分
2	现场安全管理	电器设备、机具及工作现场等做到无隐患，安全、消防设施齐全可靠，无挪用	5		
3	安全教育管理	各班组每周至少组织一次员工学习安全生产法律法规知识、岗位安全操作规程和各项安全管理制度的活动	5		
		新上岗、调岗、复岗、特种作业和外来施工人员经培训，考试合格后上岗	5		
		定期组织岗位安全操作技能训练和应急救援预案演练，熟练掌握事故防范和处置各种故障的技能	5		
		积极组织开展群众性安全合理化建议活动，定期进行班组安全管理总结，查找问题，及时落实整改措施	5		
		积极开展体现班组特色的安全活动，培养安全价值观和先进理念，增强员工遵章守纪的意识，落实员工安全权益	5		
4	事故管理	是否出现重大事故	15		
		是否出现瞒报事故的现象	10		
合计			100		
班组长意见	签名：　　日期：　年　月　日				
车间主任意见	签名：　　日期：　年　月　日				
部门主管意见	签名：　　日期：　年　月　日				

3. 安全管理目标的成果评价

安全管理目标成果评价是安全目标管理的最后阶段，也是下一个安全目标管理循环的开始。正确的评价有利于激励先进、教育后进，有利于总结经验、改进工作，有利于推动下一循环达到更高的目标。

安全目标成果评价要采取自我评价与领导评价相结合。首先，由班组员工进行自我评价，自觉地按照安全目标要求检查实际安全工作成果，总结经验教训。其次，由上级对下级以民主协商的方式进行指导，共同总结经验、找出差距、分析原因，提出改进方法。

安全目标成果评价主要从以下三个方面进行。

（1）评定目标的完成程度可用定性表示目标的完成程度，可按制定目标预先规定的成果评定要点进行评定。

（2）由于目标任务的完成与其本身的性质和客观条件、环境的变化、实现目标任务所付出的代价大小有关，因此，只看“完成程度”、不看“困难程度”，就不能正确地衡量一个班组或个人的安全工作成绩。

（3）在实施安全目标过程中会遇到各种不利条件或有利条件，目标责任者的主观努力程度不同所带来的目标成果也有所不同。在有利的条件下，用较小的气力就可以完成目标；而在不利的条件下，需要付出很大的努力才能完成目标。因此，为了正确评定成果，必须对责任主体的主观努力程度进行评价。

2.1.4 班组长安全管理目标与职责

班组安全目标管理，是企业安全建设的重要组成部分，只有生产一线的班组积极达成安全管理目标，才能使企业的安全管理得到有效的反馈。为此，班组长应科学分解安全管理目标，明确自身的安全管理目标及责任。

1. 安全管理目标

班组内无违章违纪作业行为出现，无险肇事故和电力安全事故发生。

2. 安全管理职责

班组长应在班组内全面推行安全目标管理，因此，其主要安全管理职责如下所示。

（1）班组长要组织、督促班组成员每年签订“员工安全责任书”，要求班组每个成员明确了解自身安全职责，并积极实现自己的承诺。

（2）按时召开班前班后会，每月至少安排开展一次班组安全活动，学习安全生产方针、政策、制度以及安全作业标准等。

（3）严格监督班组成员作业时是否按要求佩戴安全护具，工作服是否做到“三紧”等。严格监督班组成员遵守企业安全劳动纪律，严禁发生脱岗、睡岗、饮酒作业等恶劣情形。

（4）班组长要确保班组内成员都要理解本班组的安全生产目标、安全政策及实现目标的主要措施。

（5）班组长应积极、主动接受企业开展的各种安全活动的安排，并安排班组成员参与。

（6）班组长要确保班组内每一名成员掌握本岗位的“安全作业标准”，了解作业区域内的危险源及防范措施，确保班组作业范围内各种安全防护装置和设施的灵敏有效。

（7）班组长要严格确保班组内特种作业人员持有相应电力特种作业资质证书。

（8）班组长在外出作业时，应对外出作业人员实行联保互保制度，主要指外出工作时要指定安全员，如三人外出工作，要指定一人负责安全；二人外出工作，要指定安全监护人。

（9）班组长要及时安排对新员工或转岗、复岗人员进行安全教育和相关专业培训。

（10）班组长要严格监督，确保班组作业前、中、后“三查”活动的执行。对生产安全事故均应按“四不放过”的原则进行及时、认真的分析处理。

2.1.5 安全员安全管理目标与职责

发电、供电、电力施工以及送变电施工等电力企业的主要生产班组应设置专职安全员，其他车间和班组应设置兼职安全员。班组长应明确安全员的安全管理目标与职责。

1. 安全管理目标

（1）基本安全管理目标。班组内无违章违纪作业行为出现，无险肇事故和电力安全事故发生。

（2）安全用品管理目标。班组内作业人员按照相关要求佩戴安全护具进行作业，并在作业完成后及时归还，安全计划期间内无安全用品丢失被盗现象出现。

（3）安全活动管理目标。安全计划期内每月至少组织一次安全活动，班组成员在进行安全知识抽考时成绩合格。

（4）安全作业管理目标。班组作业人员无违法乱纪行为，并及时填制安全管理相关报表，且格式正确、内容无误。

2. 安全管理职责

安全员是班组内协助班组长进行安全管理的主要人员，其主要安全管理职责如下。

（1）在公司安全、生产部经理的领导下，宣传贯彻有关安全生产的方针、政策、法令、规章，负责监督检查作业现场的安全。

（2）组织隐患排查工作，制定、实施整改措施并进行效果评估，确保及时消除安全隐患。

（3）进行作业现场巡视，监督并检查作业人员对安全管理制度的遵守情况，叫停或纠正违规操作。按时填报安全报表和相关资料，保证其准确性和真实性。

（4）有权制止班组成员的违章指挥和违章作业行为。遇有严重险情，有权责令先行停止生产。对不听从指令、严重违章指挥或违章作业者，有权越级汇报。

（5）对班组安全防护用品的收发、使用工作进行管理，定期安排检修确保作业区域内各种安全设施、警告装置和标记的完好匹配。

（6）加强劳动保护和安全器具的管理，指定地点存放安全工器具并定期对安全器具进行保养维修，认真做好安全器具和施工工具的申购、检验、使用和保管工作。

（7）按照部门和班组长的指示开展各项安全活动，监督班组内成员的安全行为，推广安全生产和安全管理方面的先进经验。

（8）按时参加部门安全例会，总结生产现场安全生产情况，提出有关事故、障碍、未遂等初步分析意见，研究解决当前安全生产中存在的问题。

（9）发生事故后按“四不放过”的原则参与事故调查，并按相关要求及时完成事故调查报告，协助班组长教育事故责任者，制定反事故措施并监督实施。

（10）对班组内成员的安全目标达标情况进行检查和考核，对安全工作不到位的单位或个人提出处理意见，及时将考核结果上报、整理和归档，并将其作为年终考评的依据。

2.2 班组安全管理责任

2.2.1 班组长安全管理责任书

<table>
<tr><td rowspan="2">文案名称</td><td rowspan="2">班组长安全管理责任书</td><td>编　　号</td><td></td></tr>
<tr><td>执行部门</td><td></td></tr>
<tr><td colspan="4">

一、目的

为认真贯彻“安全第一、预防为主、综合治理”的安全指导方针，杜绝各类事故的发生，实现我公司安全管理目标。根据电气行业安全生产目标对班组的要求，制定此安全管理责任书。

二、安全管理目标和职责

（一）安全管理目标

1. 全年群伤、重伤、较大及重、特大安全事故为零。

2. 杜绝线路、设备被盗或损坏，杜绝因人员误操作引起的安全事故，不发生重大治安或刑事案件。

3. 预防发生人员轻伤和其他一般安全事故。

</td></tr>
</table>

续表

<table>
<tr><td rowspan="2">文案名称</td><td rowspan="2">班组长安全管理责任书</td><td>编　号</td><td></td></tr>
<tr><td>执行部门</td><td></td></tr>
<tr><td colspan="4">4. 不发生因运行维护不到位造成管理片区倒杆、断线事故和设备损坏事故。
5. 现场违纪现象做到人见人管，形成一个群防群治、人人维护的安全管理格局。
6. 力争各类违章为零，不发生违法乱纪、严重影响企业形象和投诉上访事件。
（二）岗位安全管理职责
1. 贯彻执行企业安全生产工作方针，领导班组进行安全作业。成立安全生产小组，并担任第一责任人，在班组内配备专职或兼职安全员。
2. 执行安全生产相关规章制度，不违章指挥，带头做好安全生产工作，并监督班组成员的作业情况，对违章作业人员要立即制止，并按规定给予其扣分、通报或罚款等处罚。
3. 做好安全工作记录，定期参加安全工作会议，并提出合理的安全改善建议。
4. 做到定期申请检验特种电气设备，不得安排班组成员使用未经定期检验或者检验不合格的特种设备。合理分配班组人员的工作，不准强令员工冒险进行作业。
5. 及时检查生产现场的安全防护措施，发现不安全因素及时向车间主任汇报并提出整改措施，及时制止没有可靠、安全措施进行保护的作业。
6. 对班组内员工进行安全教育及指导，监督班组成员防护用具的使用及维护情况。加强特种设备的作业人员及相关管理人员的安全知识教育和培训，严格执行持证上岗制度，非持有专业证书的，不得从事特种作业或管理工作。
7. 发生工伤事故后，迅速组织抢救人员，保护现场，及时向领导汇报情况，积极协助上级领导进行重大安全事故的应急救援工作。
三、安全考核
1. 重视安全生产管理，历次公司季检安全考核评分合格，年底计算年终奖时进行____元现金奖励。
2. 对发生重伤以上事故而隐瞒不报的，或发生事故未按规定时间上报的，视情节严重加倍处罚。
3. 发生火灾、重大设备事故、重大环境事故，对公司造成不良社会影响的，处以____元罚款。</td></tr>
</table>

编制人员		审核人员		批准人员	
编制日期		审核日期		批准日期	

2.2.2 安全员安全管理责任书

<table>
<tr><td rowspan="2">文案名称</td><td rowspan="2">安全员安全管理责任书</td><td>编　　号</td><td></td></tr>
<tr><td>执行部门</td><td></td></tr>
</table>

一、目的

为贯彻“安全第一、预防为主、综合治理”的安全方针，切实抓好安全管理，落实安全生产责任，严格执行安全规章制度，防止和杜绝事故及违章现象的发生，根据电气行业安全生产目标对班组的要求，制定此安全管理责任书。

二、安全目标和职责

（一）安全目标和职责

1. 全年班组内群伤、重伤、较大及重、特大安全事故为零。

2. 杜绝线路、设备以及安全防护用品被盗或损坏，杜绝因人员误操作引起的安全事故，无重大治安、刑事案件发生。

3. 安全教育培训效果良好，班组成员违规操作现象基本控制，作业人员按照安全要求佩戴安全护具。

4. 现场违纪现象做到人见人管，形成一个群防群治、人人维护的安全管理格局。

（二）岗位安全管理责任

1. 在班组内宣传、贯彻有关安全生产的方针、政策、法令、规章，开展作业现场的现场巡视，监督并检查作业人员对安全管理制度的遵守情况，叫停或纠正违规操作。

2. 组织隐患排查工作，及时通报，保证该方案的实施并进行效果评估，确保及时消除安全隐患。

3. 有权制止班组成员的违章指挥和违章作业行为。遇有严重险情，有权责令先行停止生产。对不听从指令、严重违章指挥或违章作业者，有权越级汇报。

4. 加强对班组安全防护用品的收发、使用和保管工作的管理，指定地点存放安全工器具，并定期对作业所需的安全设施设备进行检修，确保作业区域内安全设施、装置以及使用的安全工器具的完好可用。

5. 每月组织一次班组内的安全活动，推广安全生产和安全管理方面的先进经验。

6. 按时参加部门安全例会，总结生产现场安全生产情况，提出有关事故、障碍、未遂等初步分析意见，研究解决当前安全生产中存在的问题。

7. 定期对班组内成员的安全目标达标情况进行督促和检查，按时填报安全报表和相关资料，保证其准确性和真实性。

8. 发生安全事故，按“四不放过”的原则参与事故调查，并按相关要求及时完成事故调查报告，协助班组长教育事故责任者，制定反事故措施并监督实施。

续表

文案名称	安全员安全管理责任书	编　　号	
		执行部门	

三、安全考核

1. 重视安全生产管理，年内公司季检安全考核全部合格，年底计算年终奖时进行____元现金奖励。

2. 对发生重伤以上事故而隐瞒不报的，或发生事故未按规定时间上报的，视情节严重程度加倍处罚。

3. 发生火灾、重大设备事故、重大环境事故，对公司造成不良社会影响的，处以____元罚款。

4. 对于安全工器具发生大量丢失或被盗情况的，处以损失金额的__%的罚款。

编制人员		审核人员		批准人员	
编制日期		审核日期		批准日期	

第3章　电力企业安全事故与危害

3.1　电力企业事故管理

3.1.1　电力企业事故类型

根据国家电监会颁布的《电力生产事故调查暂行规定》的相关内容，可将电力企业的事故分为电力设备事故、电网事故和人身事故三个大类。

1. 电力设备事故

因电力企业工作人员操作失误或设备维护不良造成电气设备设施、材料储存设备、施工机械损坏，带来直接的经济损失超过企业所规定的，可视为电力设备事故。主要包括图3—1所示的10大类。

2. 电网事故

电网事故主要是指因连接发电和用电的设备（送电线路、变电所、配电所和配电线路等）发生故障，而造成的大范围停电、火灾或爆炸等事故。具体分类情况如图3—2所示。

3. 人身事故

因电力设备故障、电力线路问题或其他与电力生产相关的事由，造成电力企业工作人员或非电力企业工作人员伤亡的事故，可视为人身事故。电力企业人身事故主要包括如图3—3所示内容。

3.1.2　电力企业事故特点

电力企业事故主要有以下特点。

1. 影响范围广泛

电力作为重要的能源，在国家工业生产和人们日常生活中占有

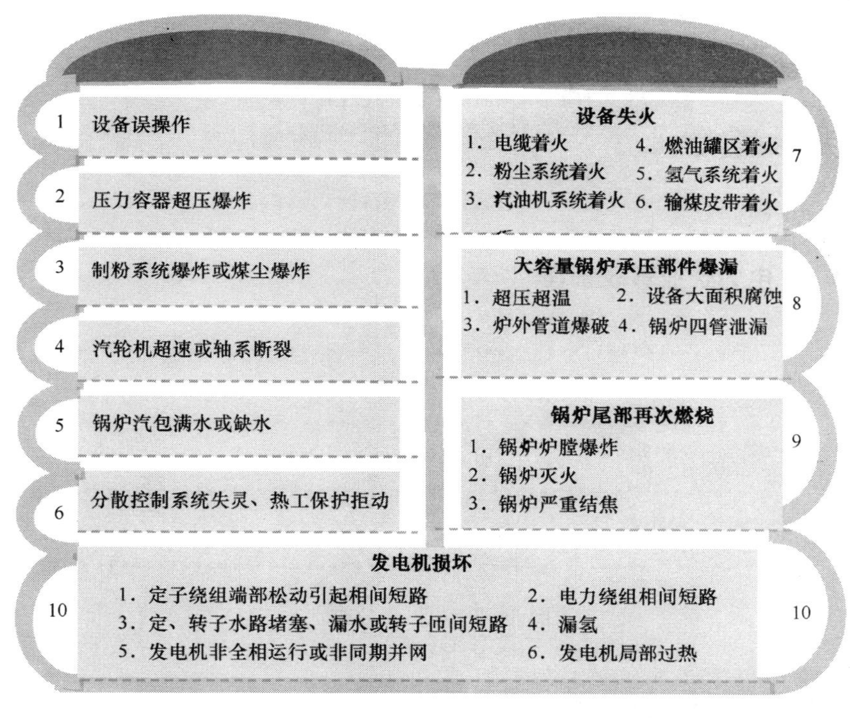

图 3—1 电力设备事故类别

十分重要的地位，电力企业各类设备的正常运行关系到企业的生存和社会的稳定。因此，电力企业事故具有停电范围大，影响面广，甚至会危害社会稳定的显著特征。

2. 经济损失巨大

电力对国民经济和人民生活水平起到至关重要的作用，因此，由于电力企业发生事故而带来的经济损失是十分巨大的。另外，因为电力设备本身的经济价值较大，一旦发生着火、爆炸等事故导致设备永久性破坏，其经济损失也是十分巨大的。

3. 人员伤亡严重

由于电力企业工作人员操作不当、电力设备故障、电力设施建

图 3—2　电网事故类别

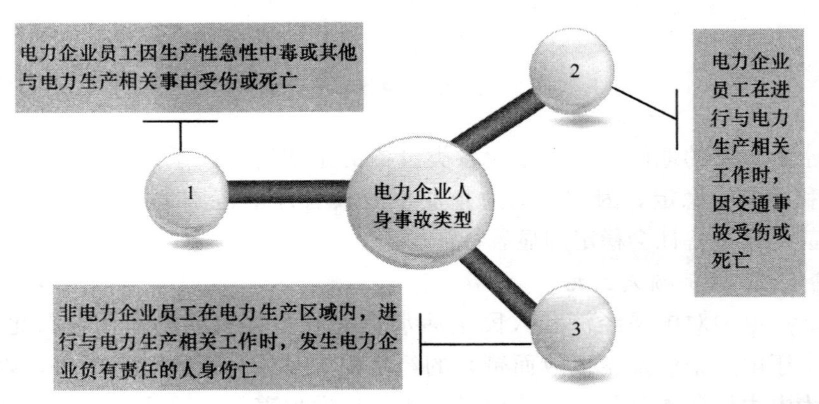

图 3—3　电力企业人身事故类型

设不规范等原因，发生人员触电、爆炸、火灾等事故，造成严重的人员伤亡。

3.1.3 电力企业事故分级管理

根据《生产安全事故报告和调查处理条例》和《电力安全事故应急处置和调查处理条例》等相关法律法规，电力企业事故可分为特大电力事故、重大电力事故、较大电力事故和一般电力事故四个级别。

1. 特大电力事故

（1）特大电网事故。特大电网事故泛指电力企业发生因恶劣天气、外力破坏等原因造成电网区域内大范围停电，且直接经济损失达 1 亿元以上的事故。具体情形如图 3—4 所示。

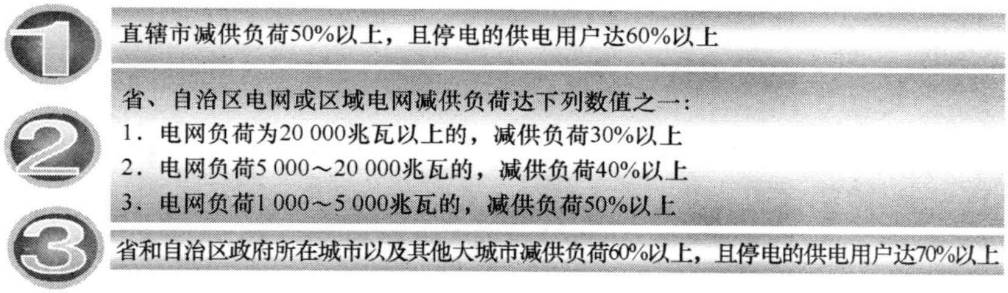

直辖市减供负荷50%以上，且停电的供电用户达60%以上

省、自治区电网或区域电网减供负荷达下列数值之一：

1．电网负荷为20 000兆瓦以上的，减供负荷30%以上

2．电网负荷5 000～20 000兆瓦的，减供负荷40%以上

3．电网负荷1 000～5 000兆瓦的，减供负荷50%以上

省和自治区政府所在城市以及其他大城市减供负荷60%以上，且停电的供电用户达70%以上

图 3—4 特大电网事故

（2）特大人身事故。特大人身事故泛指因电力相关事由造成电力企业工作人员及非电力企业工作人员死亡人数达 30 人以上，或重伤人数达 100 人以上的事故。

2. 重大电力事故

（1）重大电力设备事故。重大电力设备事故泛指装机容量在 400 兆瓦以上的发电厂，一次事故造成 2 台以上电气设备机组非计划停运，并造成电力企业对外供电停止的事故。

（2）重大电网事故。重大电网事故指因恶劣天气、外力破坏等原因造成电网内大范围停电，且直接经济损失在 5 000 万元以上 1 亿元以下的事故。根据供电区域大小，重大电网事故表现如图 3—5 所示。

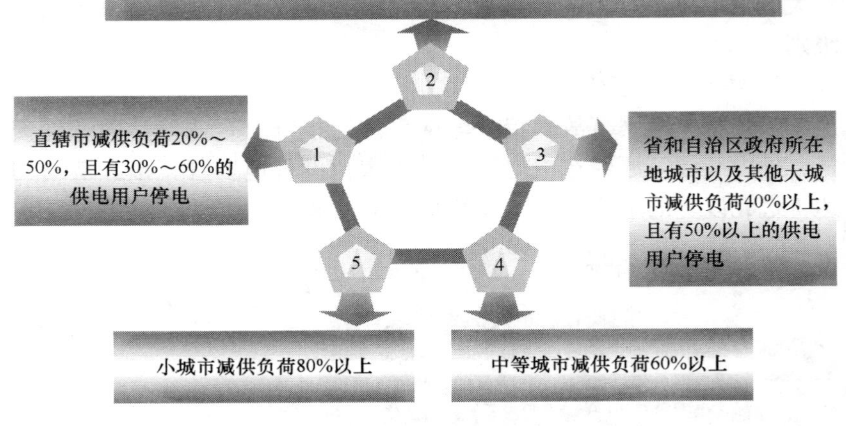

图 3—5　重大电网事故具体表现

（3）重大人身事故。重大人身事故泛指因电力生产、传输等相关事由造成电力企业工作人员及非电力企业工作人员死亡人数达10～30 人，或重伤人数达 50～100 人的事故。

3. 较大电力事故

（1）较大电网事故。较大电网事故泛指因为电网线路或设备质量原因造成大范围停电，且直接经济损失在 1 000 万～5 000 万元之间的事故。根据供电区域大小，较大电网事故表现如表 3—1 所示。

表 3—1　　较大电网事故表现一览表

类别	具体说明
直辖市减供负荷	◎ 直辖市电网减供负荷为 10%～20%以下，且造成 15%～30%的供电用户停电

续表

类别	具体说明
省、自治区电网或者区域电网减供负荷	◎电网负荷为20 000兆瓦以上的，减供负荷在10%～13%范围内 ◎电网负荷在5 000～20 000兆瓦的，减供负荷在12%～16%范围内 ◎电网负荷1 000～5 000兆瓦的，减供负荷在20%～50%范围内 ◎电网负荷1 000兆瓦以下的，减供负荷40%以上
省、自治区政府所在地城市电网减供负荷	◎省、自治区政府所在地城市电网减供负荷在20%～40%范围内，且造成30%～50%的供电用户停电
中小城市电网减供负荷	◎中小城市的电网减供负荷40%以上，且造成50%以上的供电用户停电
县级市电网减供负荷	◎电网负荷150兆瓦以上的，电网减供负荷60%以上，且造成70%以上的供电用户停电

(2) 较大人身事故。较大人身事故泛指因电力生产等相关事由造成电力企业工作人员及非电力企业工作人员死亡人数达3～10人，或重伤人数达10～50人的事故。

4. 一般电力事故

(1) 一般电力设备事故。一般电力设备事故泛指因为电力设备出现故障而出现停电，且未构成重大设备事故的事故。主要包括但不限于以下三种情形。

1) 装机容量在200～400兆瓦的发电厂，一次事故造成2台以上电气设备机组非计划停运，造成电力企业对外供电停止，或所有机组停运，时间超过24小时的事故。

2) 110千伏以上的发电厂升压站任一电源等级母线全停的事故。

3) 35千伏以上的电网输变电设备停止运行，导致供电用户中断用电的事故。

(2) 一般电网事故。一般电网事故泛指因为设备或技术原因造成电网区域内大范围停电，且直接经济损失在1 000万元以下的事故。具体情形如表3—2所示。

表 3—2　一般电网事故

类别	具体说明
直辖市减供负荷	◎直辖市电网减供负荷在 5%～10%范围内，且造成 10%～15%的供电用户停电
省、自治区电网或者区域电网减供负荷	◎电网负荷为 20 000 兆瓦以上，减供负荷在 5%～10%以内 ◎电网负荷 5 000～20 000 兆瓦，减供负荷在 6%～12%范围内 ◎电网负荷 1 000～5 000 兆瓦，减供负荷在 10%～20%范围内 ◎电网负荷 1 000 兆瓦以下，减供负荷在25%～40%以内
省、自治区政府所在地城市电网减供负荷	◎省、自治区政府所在地城市电网减供负荷在 10%～20%，且造成 15%～30%的供电用户停电
中小城市电网减供负荷	◎中小城市的电网减供负荷在 20%～40%，且造成 30%～50%的供电用户停电
县级市电网减供负荷	◎电网减供负荷 40%以上，且造成 50%以上供电用户停电

（3）一般人身事故。一般人身事故泛指因电力等相关事由造成电力企业工作人员及非电力企业工作人员死亡人数达 3 人以下，或重伤人数 10 人以下的事故。

3.1.4　电力企业事故处理措施

电力企业发生电力事故后，其处理措施如下。

1. 进行应急处理

电力事故发生后，根据应急预案需立即成立事故应急小组，采取相应的紧急处理措施，控制事故范围，防止电网系统性的崩溃和瓦解。事故危及人身安全的，需积极组织人员营救受害人员和撤离灾害区域内的其他人员。

各部门需服从指挥，统一调度，争取将事故损失降到最低限度。

事故现场救援完成后，进入应急恢复阶段，进行现场清理、人员清点与撤离。事故造成电力设备、设施损坏的，有关电力企业应当立即组织抢修，使电力企业在最短时间内恢复运行。

2. 事故调查处理

（1）成立调查小组。事故发生后，相关部门根据事故级别，组织人员成立调查小组，进行事故调查：

1）特大事故，由国务院或者国务院授权部门组织成立事故调查组进行调查。

2）重大事故，由国务院电力监管机构组织成立事故调查组进行调查。

3）较大事故和一般事故，由事故发生地电力监管机构组织成立事故调查组进行调查。

（2）填报事故报告。事故调查组根据调查结果，填报事故报告，事故报告应包括如图 3—6 所示的内容。

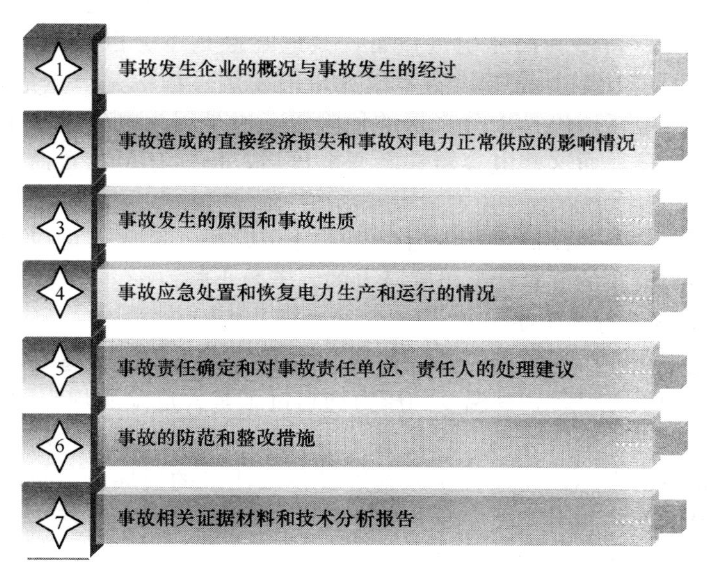

图 3—6　事故报告内容

（3）事故处理。电力企业根据事故调查结果，制定事故处理方案及赔偿方案，并按照方案内容进行责任人处理、赔偿处理等事故的后续处理。

3.2 电力企业安全危害

3.2.1 电力企业常见安全危害因素

在电力企业中，常见的安全危害因素主要有带电设备与线路、高温高压设备、易燃易爆及有毒物质三个大类。

1. 带电设备与线路

电力企业的生产涉及发电、变电、送电和用电四大环节，而在这四个环节中，需要使用到十分复杂也十分危险的带电设备与线路。

以电压等级为例，发电设备输出的电压从数千伏到数十千伏，经变压器升压后至数百千伏。由此可以看出，电力企业生产中所涉及的电气设备多为高压电气设备，其危险性是十分巨大的。但是，需要特别指出的是带电设备不仅在带电使用过程中是严重危险源，其在断开电压后仍是十分严重的危险源。这是因为电气设备中均介入了电容器，而这些电容器在断开电压后，仍储存足以致命的大量电能。

所以，电气设备在断电后仍是十分危险的。因此，可以看出带电设备与线路的危险性是极其巨大的，不容小觑。

2. 高温高压设备

电力企业广泛使用的锅炉和压力容器等高温高压设备是具有爆炸危险的承压设备，其温度和压力均超过了重大危险源规定的条件，其危险性是十分巨大的。锅炉或压力容器一旦发生爆炸，不仅仅是设备本身的损坏，往往会造成附近设备或建筑的损坏，严重时会造成人员的伤亡和引发火灾等灾难性事故。

3. 易燃易爆及有毒物质

电力企业在生产过程中会用到很多危险的化学品，一旦发生化学物质泄漏等事故，其危害性是难以估量的。如氢气等易燃易爆物发生泄漏，便可在空气中形成爆炸混合物，遇火即可发生大面积的爆炸燃烧，引发严重的火灾、爆炸事故；如氨水、抗燃油等有毒物质一旦出现泄漏，扩散到生产区域以外的场所，可造成人员中毒、环境污染等社会灾害性的事故。

3.2.2 电力企业安全危害因素分级

电力企业中常见的安全危害因素依据《危险化学品重大危险源辨识》（GB 18218—2009）和《生产过程危险和有害因素分类》（GB/T 13861—2009）分为重大危险源和一般危险源两个级别。

1. 重大危险源界定与类别

（1）重大危险源的界定。《危险化学品重大危险源辨识》（GB 18218—2009）规定，重大危险源是指长期或临时地生产、加工、使用或储存的危险化学品，其危险化学品的数量等于或超过临界量的单元。《安全生产法》中将重大危险源定义为长期地或者临时地生产、搬运、使用或者储存危险物品，且危险物品的数量等于或者超过临界量的单元（包括场所和设施）。因此，重大危险源可视为数量超过临界量的危险物品。

（2）重大危险源的类别。依据《危险化学品重大危险源辨识》（GB 18218—2009）将重大危险源分为爆炸品、易燃气体、易燃液体、易自燃物质、遇水放出易燃气体的物质、毒性物质、毒性气体、氧化性物质、有机过氧化物九大类，具体示例如表 3—3 所示。

表 3—3 危险化学品名称及其临界量示例

类别	危险品名称	临界量（T）
爆炸品	叠氮化钡	0.5
	叠氮化铅	0.5
	三硝基甲苯	5

续表

类别		危险品名称	临界量（T）
易燃物	易燃气体	氢	5
		乙炔	1
		丁二烯	5
	易燃液体	苯	50
		甲醇	500
		丙酮	500
	易自燃物质	黄磷	50
		烷基铝	1
	遇水放出易燃气体物质	钾	1
		钠	10
有毒物质	毒性物质	溴	20
		三氧化硫	75
		氯化硫	1
	毒性气体	氨	10
		氟	1
氧化物	氧化性物质	过氧化钾	20
		氯酸钾	100
		过氧化钠	20
	有机过氧化物	过氧乙酸（含量≥60%）	10
		过氧化甲乙酮（含量≥60%）	10

2. 一般危险源分类

根据《生产过程危险和有害因素分类》（GB/T 13861—2009）的有关内容，将一般危险源分为人的因素、物的因素、环境因素和管理因素四个大类，具体如表 3—4 所示。

表3—4 一般危险源类别节选示例

代码	危害和有害因素	说明
1	人的因素	
11	心理、生理性危险和有害因素	
1101	负荷超限	指易引起疲劳、劳损、伤害等的负荷超限
110101	体力负荷超限	
110102	视力负荷超限	
1102	健康情况异常	指伤、病期
1199	其他心理、生理性危险和有害因素	
12	行为性危险和有害因素	
1201	指挥错误	
120101	指挥失误	包括与生产环节有关的各级管理人员的指挥
120199	其他指挥错误	
1202	操作错误	
120201	误操作	
120202	违章作业	
120299	其他操作错误	
1203	监护失误	
1299	其他行为性危险和有害因素	包括脱岗等违反劳动纪律行为
2	物的因素	
21	物理性危险和有害因素	
2101	设备、设施、工具、附件缺陷	
210101	强度不够	
210102	刚度不够	
210199	设备、设施、工具、附件其他缺陷	
2102	防护缺陷	
210201	无防护	
210202	防护装置、设施缺陷	指防护装置、设施本身安全性、可靠性差，包括防护装置、设施、防护用品损坏、失效、失灵等
210299	其他防护缺陷	

续表

代码	危害和有害因素	说明
2199	其他物理性危险和有害因素	
22	化学性危险和有害因素	
2201	爆炸品	
2202	压缩气体和液化气体	
2299	其他化学性危险和有害因素	
23	生物性危险和有害因素	
2301	致病微生物	
230101	细菌	
230102	病毒	
230103	真菌	
230199	其他致病微生物	
2302	传染病媒介物	
2399	其他生物性危险和有害因素	
3	环境因素	包括室内、室外、地上、地下（如隧道、矿井）、水上、水下等作业（施工）环境
31	室内作业场所环境不良	
3101	室内地面滑	指室内地面、通道、楼梯被任何液体、熔融物质润湿，结冰或有其他易滑物等
3102	室内作业场所狭窄	
3199	其他室内作业场所环境不良	
32	室外作业场地环境不良	
3201	恶劣气候与环境	包括风、极端温度、雷电、大雾、冰雹、暴雨雪、洪水、浪涌、泥石流、地震、海啸等
3202	作业场地和交通设施湿滑	包括铺设好的地面区域、阶梯、通道、道路、小路等被任何液体、熔融物质润湿，冰雪覆盖或有其他易滑物等
3299	其他室外作业场地环境不良	
39	其他作业环境不良	

续表

代码	危害和有害因素	说明
3901	强迫体位	指生产设备、设施的设计或作业位置不符合人类工效学要求而易引起作业人员疲劳、劳损或事故的一种作业姿势
3999	以上未包括的其他作业环境不良	
4	管理因素	
41	职业安全卫生组织机构不健全	
41	职业安全卫生责任制未落实	包括安全组织机构的设置和人员的配置
43	职业安全卫生管理规章制度不完善	
4301	“三同时”制度未落实	
4302	操作规程不规范	
4399	其他职业安全卫生管理规章制度不健全	
44	职业安全卫生投入不足	包括隐患管理、事故调查处理等制度不健全
49	其他管理因素缺陷	

3.2.3 安全危险的识别与评估方法

1. 安全危害识别方法

电力企业常见危害的识别方式主要包括按照工作区域识别安全危害、按工作岗位识别安全危害和按工艺流程识别安全危害三种。

（1）按工作区域识别安全危害。对于工作场所固定的工种，可通过调查各个区域，将不同类别的危害识别出来，具体操作程序如图 3—7 所示。

（2）按工作岗位识别安全危害。按照工作类别识别危害，首先需识别不同岗位人员具体工作内容，然后根据其工作内容列举出人员作业时可能面临的危害，具体流程如图 3—8 所示。

步骤6
编制危害表，并据此进行识别
步骤5
收集整理现有资源信息
步骤4
按区域对员工进行调查，并整理分析
步骤3
将工作场所分成可以识别的区域，并编号
步骤2
绘制或获取所有生产流程的流程图
步骤1
绘制或获取最新的、精确的工作场所平面图

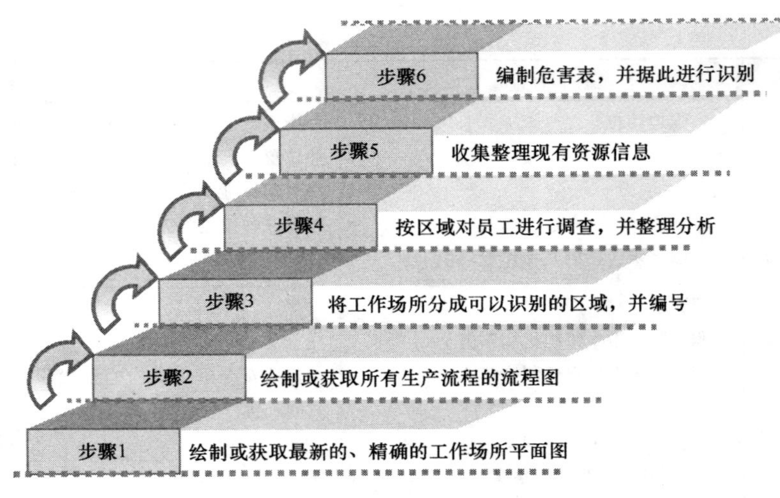

图 3—7　按工作区域识别安全危害流程

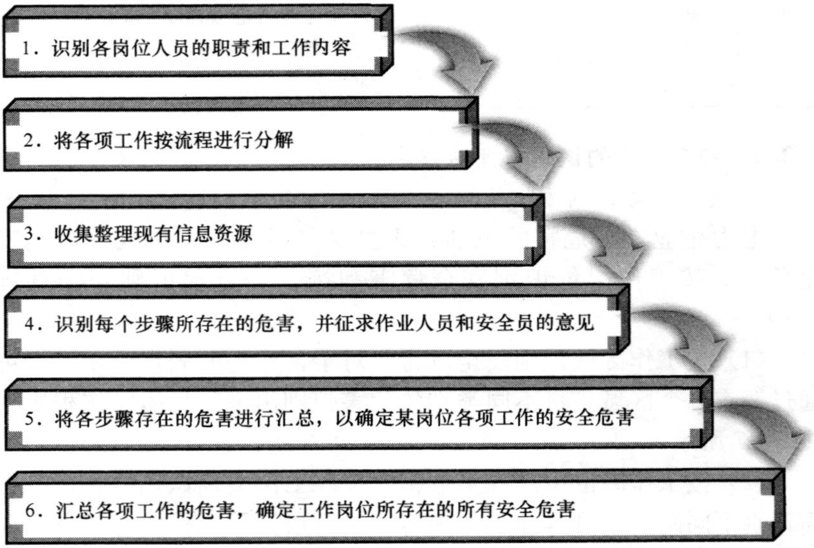

1．识别各岗位人员的职责和工作内容
2．将各项工作按流程进行分解
3．收集整理现有信息资源
4．识别每个步骤所存在的危害，并征求作业人员和安全员的意见
5．将各步骤存在的危害进行汇总，以确定某岗位各项工作的安全危害
6．汇总各项工作的危害，确定工作岗位所存在的所有安全危害

图 3—8　按工作岗位识别安全危害流程

(3) 按工艺流程识别安全危害。按工艺流程识别危害，首先需识别一个作业区域内所有的工艺流程，然后对每个流程按照从头到尾的顺序将每个步骤存在的危害识别出来，具体操作程序如图 3—9 所示。

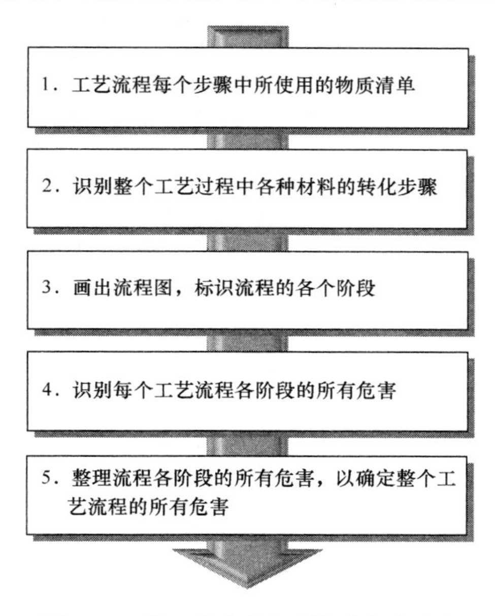

图 3—9　按工艺流程识别安全危害流程

3.2.4　电力企业常见伤害风险类型

在电力企业中，常见的安全危害主要有触电、火灾、爆炸、物体击打、化学伤害、职业病、高处坠落等，具体如图 3—10 所示。

3.2.5　电力企业安全危害控制方法

控制电力企业安全危害主要有以下方法。

1. 触电危害的控制方法

电力生产作业中，触电伤害是最常见的危害类型，班组长可采取下列措施控制触电风险。

(1) 提高电力设备的完好率。加强电气设备的检查、维护和维修工作，发现不安全因素及时消除，确保电力设备的正常运行，从

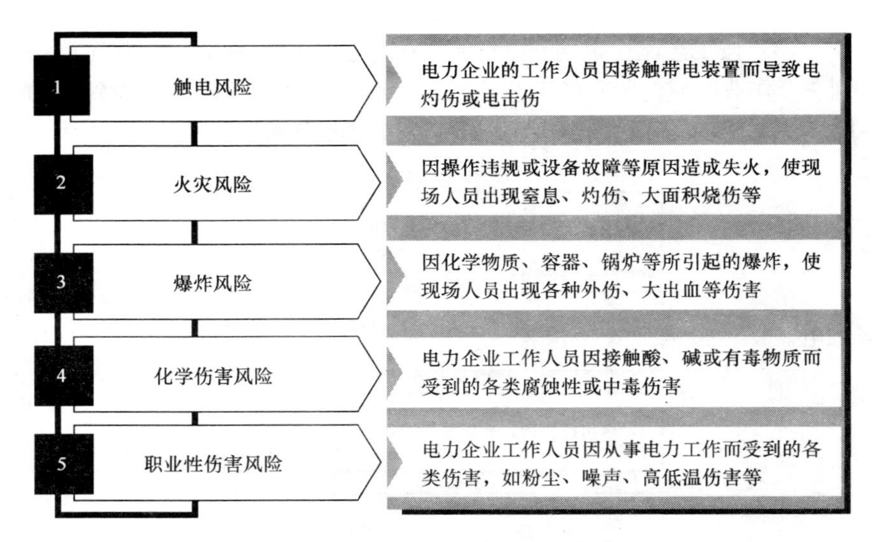

图 3—10　电力企业常见安全危害

而有效防止触电事故的发生。

（2）使用安全电压。安全电压是指电与人体接触时，对人体各部分不会造成任何损害的，且由特定电源供电的电压系列。安全电压值取决于人体允许电流和人体电阻，一般情况下，人体允许电流为 30 mA，人体电阻为 1 700 Ω，则安全电压系列的上限为 50 V。我国的安全电压等级分别为 42 V、36 V、24 V、12 V 和 6 V。安全电压的选用示例具体见表 3—5。

表 3—5　　安全电压选用示例

额定值（V）	上限值（V）	示　例
42	50	存在触电危险的场所内使用的手提式电动工具
36	43	隧道、人防工程等场所的电源电压
24	29	潮湿、已触及带电体的场所的电源电压
12	15	特别潮湿场所、导电良好的地面或金属容器内工作照明电源的电压
6	8	继电器的电压

（3）设置绝缘。为了避免发生触电事故，相关作业人员应严格保证用绝缘材料将带电体封闭起来，使电流能按一定的通路流通，避免与其他带电体或人体接触。绝缘材料包括气体、液体和固体三种，其中固体是最常使用的绝缘材料，而气体和液体因不能完全阻挡人体与带电体接触，只能做特殊辅助使用。

（4）保护接地与接零。保护接地是将电气设备或者线路在正常运行情况下，将不带电的部分通过接地装置同大地相连，防止人员触电。保护接地主要是将设备的金属外壳与接地装置连接，防止设备绝缘损坏使外壳带电，从而避免作业人员因接触带电的设备外壳而触电。

保护接零是指将正常运转的电力设备不带电部分通过接零装置同电网的零线连接，一般情况下是将设备的金属外壳同供电变压器的中性点相连接。

（5）使用电工安全工具。电工安全工具是防止触电、保障电力企业工作人员安全的各类工具，主要包括绝缘安全工具（绝缘杆、绝缘手套等）、携带式电压和电流指示器、临时接地线等。

2. 火灾、爆炸危害的控制方法

电力生产作业中，火灾和爆炸是较常见的危害类型，班组长可采取下列措施进行控制。

（1）控制火灾、爆炸危险性物质的数量。优先使用难燃或不燃物质代替可燃物，少用或不使用强氧化物质，尽可能减少生产场所和储存场所中的火灾、爆炸危险性物质的数量。

（2）密闭和通风。对于强氧化剂或易燃物质，采用密闭生产装置、储存装置和输送管道系统，防止其在使用、运输和保管过程中泄漏。常用的防泄漏措施如图 3—11 所示。

但是，要求达到绝对密闭是不现实的，因此，在作业区域内需采取必要的通风措施，使环境中的可燃气体达不到燃烧和爆炸的浓度。设置排风口时应注意，当可燃气体比空气重时，排风口应设在设备下部；当可燃气体比空气轻时，排风口设在设备上部。

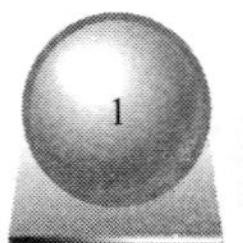

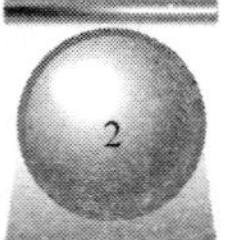

图 3—11　防治泄漏措施

（3）明火控制。加热易燃物燃料时，尽量避免采用明火，可采用过热水、中间载热体等间接加热方式。如必须采用明火，则设备应严格密闭，且与燃烧室隔离。

（4）设置防火防爆装置。电力企业需设置防火防爆装置，以防止火灾、爆炸事故的发生。常用的防火防爆装置有阻火器、水封井、阻火闸门、火星熄灭器、安全阀、防爆片、放空管、防爆帽和易熔塞等。

3. 化学伤害的控制方法

电力企业在生产所用原材料中有很多对人体有害的危险化学品，为了保证电力企业工作人员的身体健康和生产的顺利进行，可采用下列措施控制危险化学品带来的危害。

（1）控制危险化学品的储存。危险化学品需储存在专用仓库或专用储存室内，且需限制其储存量，并设专人负责管理。危险化学品入库时，需采用双人收发、双人记账、双人双锁、双人使用和双人运输等措施加强验收。

（2）危险化学品使用管理。电力企业工作人员在使用危险化学品进行作业时，必须穿戴好防护服和防毒面具，防止吸入有毒气体或因接触危险化学品而出现中毒或其他伤害。

（3）危险化学品泄漏控制。如危险化学品出现泄漏，事故处理人员需配备必要的防毒、防尘防护器具进行事故处理。若泄漏物为易燃易爆品，需首先扑灭危险区域内明火及其他形式的火源和热源；若有感染性或放射性物质泄漏，则需避免或减少接触危险物，并通知公共卫生部门和消防部门处理。

4. 职业性危害的控制方法

电力企业职业性的危害根据来源分为劳动过程中的职业性危害、生产过程中的职业性危害和生产环境的职业性危害三类，故其控制措施有以下三类。

（1）劳动过程中的职业性危害控制。电力企业应建立健全合理的劳动制度，为员工安排适当的劳动任务，同时为员工进行上岗前体检和定期电气健康检查，并建立员工健康档案。

（2）生产过程中的职业性危害控制。对于生产过程中的毒物、粉尘、噪声以及高温危害等，电力企业需为员工配备符合国家标准的安全防护装备，并将危险源尽可能隔离密闭起来，防止危险区域扩大，企业还应尽可能实现自动化操作，降低人员操作过程中的职业性危害。

（3）生产环境的职业性危害控制。电力企业需建立必要的安全卫生技术设施和安全防护措施，如建立围挡将工作现场围起来，以防止坠落；为作业人员配备完善的防护设备，做到防毒、防尘、防高温、防击打。

第4章　发电企业安全生产

4.1　发电企业设备安全管理

4.1.1　设备运行安全管理

发电企业生产班组应严格遵守企业设备运行的相关规章制度，做好生产设备的安全调试工作，并严格按照设备要求进行安全操作，定期对设备做好安全保养及运行状态评价工作，保证发电企业设备的安全经济运行。

1. 设备安全调试

电力企业应规范设备安全调试工作，确保设备的安全运行。作为电力企业生产一线的班组长，必须认真执行企业有关安全生产的各项规定，按设备系统进行安全技术分析预测，全面负责本班组设备调试、运行工作。

（1）设备控制系统安全调试。班组长在对控制系统进行安全调试时，应确保设备及操作人员的安全，具体在调试时，应注意以下5点，如图4—1所示。

（2）安全防护装置调试。班组长应负责对本班组的生产安全防护装置进行调试，确保其符合企业的要求并能安全运行，保证班组生产人员的人身安全，做到及时发现异常情况，并进行有效的安全控制。班组安全防护装置必须符合以下4点要求，如图4—2所示。

（3）防火与防爆装置调试。在生产前，班组长应组织对防火与防爆装置进行调试，严格检查设备的防火措施是否达到原设计的防火要求，对所使用的电气设备、仪器、仪表是否符合相应的防爆等级和有关标准进行严格审核。

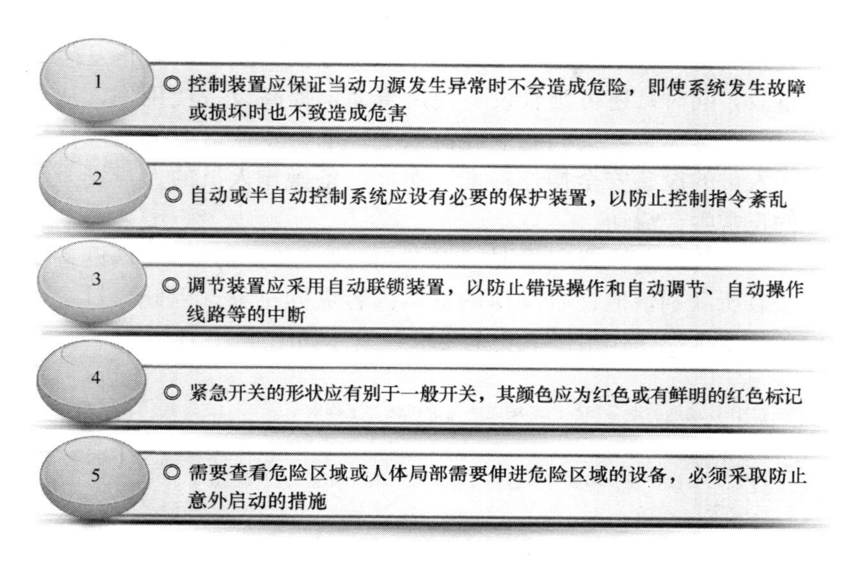

图 4—1　设备控制系统安全调试注意事项

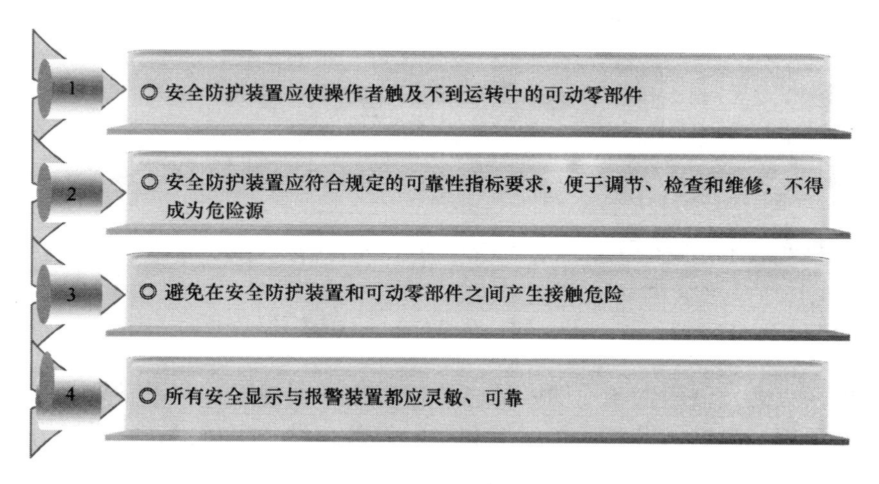

图 4—2　安全防护装置调试要求

2. 设备安全操作

设备安全操作不仅可以保持设备的良好技术状态，防止发生突发性事故，同时，还可延长设备使用寿命，提高设备使用率，从而保障设备安全运行，提高企业经济效益。电力企业班组长应严格要求相关人员的设备安全操作标准，保证设备操作人员的人身安全和企业的正常生产活动。

（1）设备安全操作要求。因设备类型和运行机制不同，设备操作方法有所区别，但设备操作的基本内容大同小异，因此，对发电厂设备的安全操作作出以下安全要求，具体如图 4—3 所示。

要求1 ◎ 作业场地的地面和周围环境应能保证机械的工作安全

要求2 ◎ 新设备投产前，需要对其进行安全检查，先空车运转，确认正常后再投入运行

要求3 ◎ 启动设备时，必须先发出启动设备的警告信号，然后按照设备规定的动作程序进行操作

要求4 ◎ 设备在开启和运行过程中要严格监视周围环境，注意前后工序的衔接与配合，注意设备仪表指示的变化

要求5 ◎ 在关键设备的要害岗位实行两人操作确认制度，即一人操作一人在旁监护，避免出现操作失误，导致重大人身和设备事故的发生

要求6 ◎ 不得脱岗操作，对于多人操作的设备，应严格按照作业指挥的指令进行操作

要求7 ◎ 设备区域内人员应严格按照现场安全标志佩戴安全防护用具

图 4—3　设备安全操作要求

火力发电厂生产现场人员应严格遵守下列规定：非设备定员人员不得擅自进入设备运行区域和接触设备，设备定员操作人员离开岗位时应切断设备电源，发现设备异常和故障时，应由设备定员维修人员或专业维修人员处理。

（2）设备安全操作的注意事项。在对设备进行操作时，班组长

与设备操作人员应注意以下 2 点，如图 4—4 所示。

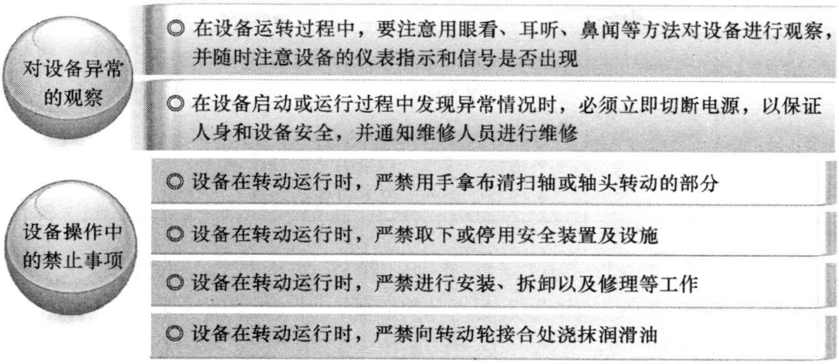

对设备异常的观察

◎ 在设备运转过程中，要注意用眼看、耳听、鼻闻等方法对设备进行观察，并随时注意设备的仪表指示和信号是否出现

◎ 在设备启动或运行过程中发现异常情况时，必须立即切断电源，以保证人身和设备安全，并通知维修人员进行维修

设备操作中的禁止事项

◎ 设备在转动运行时，严禁用手拿布清扫轴或轴头转动的部分

◎ 设备在转动运行时，严禁取下或停用安全装置及设施

◎ 设备在转动运行时，严禁进行安装、拆卸以及修理等工作

◎ 设备在转动运行时，严禁向转动轮接合处浇抹润滑油

图 4—4　设备安全操作注意事项

3. 设备保养安全管理

（1）设备保养安全内容。设备安全保养根据保养周期及保养程度可分为日常保养、一级保养、二级保养 3 个等级，其具体保养内容见表 4—1。

表 4—1　设备三级保养管理内容

保养等级	保养周期	保养内容
日常保养	每日两次	◆ 操作前后按照规定加润滑油或其他保养用品 ◆ 操作完成后按照指定规定进行设备清洁和擦拭 ◆ 每周对设备进行彻底的清扫、擦拭和涂油维护
一级保养	每季度一次	◆ 拆卸指定部件、箱盖及防尘罩等，并进行彻底清洗 ◆ 疏通油路、清洗过滤器，更换油线、油毡、滤油器、润滑油等 ◆ 补齐手柄、手球、螺钉、螺帽、油嘴等机件，保持设备的完整 ◆ 紧固设备的松动部位，调整设备的配合间隙，更换个别易损件及密封件 ◆ 清洗导轨及各滑动面，清除毛刺及划痕

续表

保养等级	保养周期	保养内容
二级保养	每半年一次	◆ 对设备的部分装置进行分解并检查维修，更换、修复其中的磨损零部件 ◆ 更换设备中的机械油 ◆ 清扫、检查、调整电气线路及装置 ◆ 检查、调整、修复设备的精度，校正水平

（2）特殊设备保养的注意事项。特殊设备是指危险性较大、易发生事故且容易危及作业人员生命安全，并对管理有特殊要求的一类设备，如锅炉、压力器、压力管道、起重设备、架空索道等。因这些设备使用的特殊性，其安全保养措施，应注意下面所述“四定”原则，具体如图 4—5 所示。

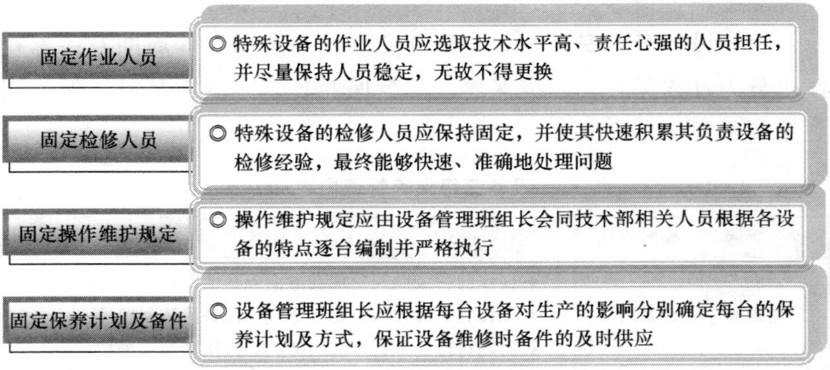

固定作业人员	◎ 特殊设备的作业人员应选取技术水平高、责任心强的人员担任，并尽量保持人员稳定，无故不得更换
固定检修人员	◎ 特殊设备的检修人员应保持固定，并使其快速积累其负责设备的检修经验，最终能够快速、准确地处理问题
固定操作维护规定	◎ 操作维护规定应由设备管理班组长会同技术部相关人员根据各设备的特点逐台编制并严格执行
固定保养计划及备件	◎ 设备管理班组长应根据每台设备对生产的影响分别确定每台的保养计划及方式，保证设备维修时备件的及时供应

图 4—5　特殊设备保养的“四定”原则

（3）设备保养记录。相关人员在执行设备保养工作时，应做好相应记录，填写“设备保养记录表”，见表 4—2。

4. 设备运行安全规定

电力企业设备管理班组应制定设备运行安全管理规定，明确设备运行相关事项，确保生产设备的安全运行，避免事故的发生。

表 4—2　　设备保养记录表

设备名称				设备编号		设备规格/型号	
所在地点				投入使用时间		设备操作人员	
维护保养详细信息							
日期	开机时间	关机时间	运行状态	维护保养部位	维护保养时间	维护保养人	

（1）设备操作人员要做到“三好”（管好、用好、养好），“三会”（会使用、会维护保养、会排除故障），“四懂”（懂结构、懂原理、懂性能、懂用途）。

（2）大、精密及关键设备的使用维护要做到“四定”，即定使用人员、定检修人员、定操作维护规程、定维修方式和备品配件。

5. 设备运行安全评估

设备运行安全评估，是通过对电力企业设备的安全性进行有效、全面的评估，准确揭示设备运行的安全隐患，并提出有效的解决方法，以保证电力企业的安全生产。电力企业设备管理班组在进行设备运行安全评估时应按以下工作流程，具体如图 4—6 所示。

确定评估设备

设备管理班组上报设备使用单位的安全评估申请，经设备部经理审批通过后可以进行设备安全评估

选择评估方式

设备管理班组根据设备实际情况，选择由企业内部成立专业安全评估小组或专门评估机构进行设备安全评估

收集设备信息

收集设备安全参数、作业安全规范及文本，实际安全技术性能参数应符合国家相关法律法规和行业标准等

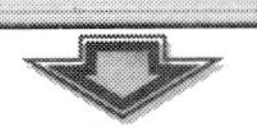

图 4—6　设备运行安全评估的工作流程

电力企业设备管理班组在制定设备运行安全评估表时可参考如下表，表 4—3 为某电力企业设备安全运行评估表。

表 4—3　设备运行安全评估表

填报：　　　　审核：　　　　日期：　年　月　日

<table>
<tr><td>设备名称</td><td></td><td>规格型号</td><td></td><td>资产编号</td><td></td><td>使用部门</td><td></td></tr>
<tr><td>评估原因</td><td colspan="7">□ 新增设备定位　□ 移位　□ 增加附件或设施　□ 其他（填注）：</td></tr>
<tr><td colspan="8">简述评估设备概况与定位区域</td></tr>
<tr><td colspan="8"></td></tr>
<tr><td>评估要素</td><td colspan="5">评估项目</td><td colspan="2">评估结论</td></tr>
<tr><td rowspan="2">位置管理</td><td colspan="5">1. 设备及其附件是否与设备档案记录位置相符</td><td colspan="2"></td></tr>
<tr><td colspan="5">2. 作业区域内其他设备、设施是否符合平面布置图</td><td colspan="2"></td></tr>
<tr><td rowspan="6">作业环境</td><td colspan="5">1. 设备是否已被污染</td><td colspan="2"></td></tr>
<tr><td colspan="5">2. 作业区域是否存在污染源</td><td colspan="2"></td></tr>
<tr><td colspan="5">3. 作业区域内设备与其他设备是否会产生交叉污染</td><td colspan="2"></td></tr>
<tr><td colspan="5">4. 作业区域内运行是否会影响设备精度</td><td colspan="2"></td></tr>
<tr><td colspan="5">5. 作业区域内所设置的安全通道能否满足设备使用需求</td><td colspan="2"></td></tr>
<tr><td colspan="5">6. 是否存在其他影响设备运行和人员操作安全的因素</td><td colspan="2"></td></tr>
</table>

续表

评估要素	评估项目	评估结论
运行安全	1. 设备是否自带安全防护设施，能否满足使用要求	
	2. 设备是否自带消防装置，能否满足使用要求	
	3. 相邻设备之间的空间是否符合人机工程	
其他因素		
评估小组成员签名		
设备管理部门意见		
评估小组安全评价		
公司审批		

4.1.2　设备检修安全管理

发电企业生产班组应协助制定并落实设备检修管理制度，健全设备检修组织机构，积极配合检修人员对班组设备的安全检修工作，确保班组设备检修工作的安全顺利进行。

设备检修，是指企业为排除设备潜在的安全隐患，确保设备平稳运行，以延长设备使用寿命及确保设备操作人员人身安全而对设备采取的检查和修理措施。设备检修的任何一个环节、一个工序、任何一个检修人员的工作质量，都会影响到检修安全。因此，设备维修班组长应掌握设备安全检修相关知识，加强设备检修中的安全管理，防止出现安全事故，造成人员伤亡，给电力企业带来损失。

1. 设备检修的内容和分类

(1) 设备小修。设备小修的主要内容是清洗、更换和修复少量容易磨损和腐蚀的零部件，并调整结构，确保设备能够使用到下一次的计划检修而不出现安全事故，其具体内容如图 4—7 所示。

图 4—7 小修的具体内容

（2）设备中修。设备中修的主要内容除包括小修项目外，还需要对设备的主要零部件进行局部修理，并更换那些经过鉴定不能使用到下次中修时的主要零部件，以确保设备平稳运行，排除设备安全隐患，其具体内容如图 4—8 所示。

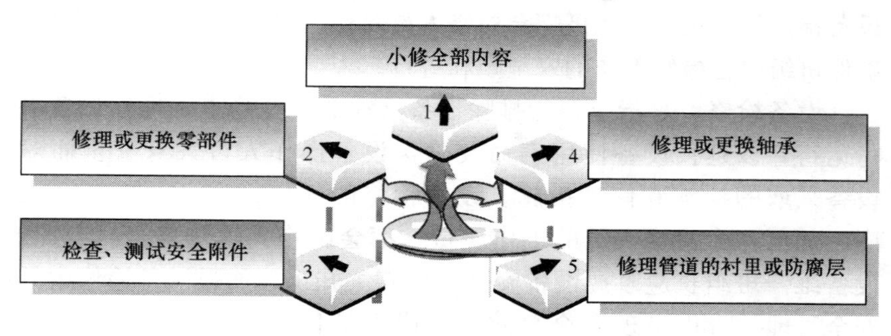

图 4—8 中修的具体内容

（3）设备大修。设备大修的主要内容是对设备进行全部或部分的拆卸，更换已经磨损或腐蚀的零件，以求恢复设备的原始性能，确保其不出现安全事故，其具体内容如图 4—9 所示。

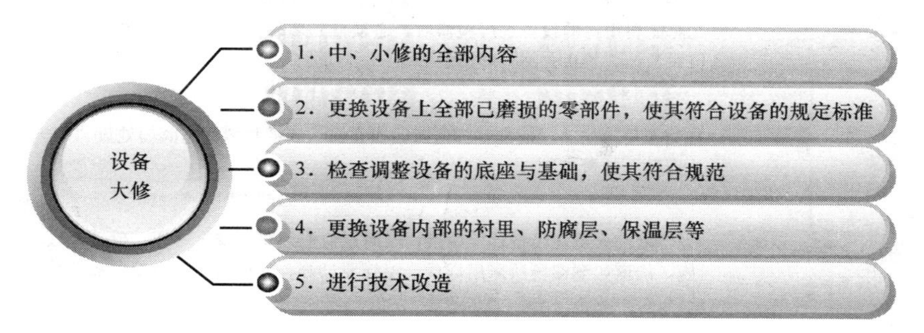

图 4—9 设备安全大修内容

2. 设备检修的准备工作

设备维修班组长在检修前要组织检修人员做好检修机具准备，做到机具齐全、安全可靠，对起重吊装工具等设备进行检验，确保整个检修过程的安全。

(1) 在检修设备时，班组长必须确认待检修的设备已完成清洗置换工作，清洗工作达标后方可进行检修作业。

(2) 进行易燃易爆、有毒有害、腐蚀性的物质和蒸汽设备管道的检修时，班组长必须确认物料出、入口阀门已切断，且由设备所属车间加盲板进行隔离。

(3) 设备检修人员与生产车间办理设备的交接手续时，设备维修班组长需要检查设备清洗、置换、电气、物料处理等方面，确认其全面合格后才可办理交接手续。

3. 设备检修的安全要求与措施

(1) 设备检修的安全要求。设备检修人员应在设备检修工作开始前检查、核对设备检修的安全状况，全部符合设备检修安全标准后，才可进行检修工作。设备检修的安全要求具体如图 4—10 所示。

(2) 设备检修的安全措施。设备检修人员在执行设备检修作业

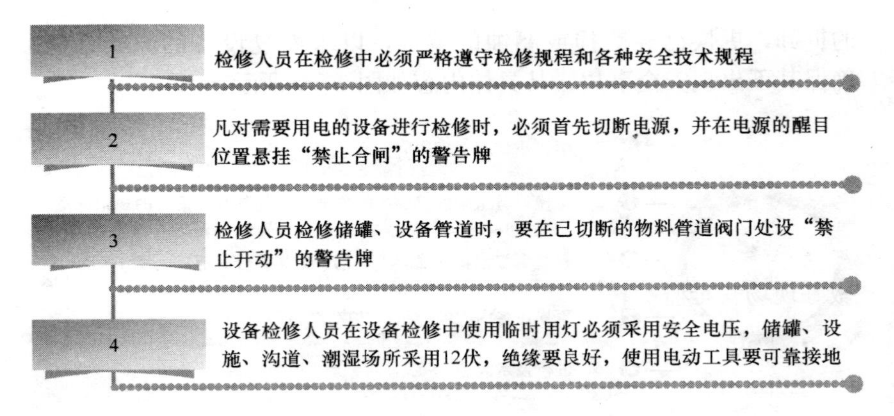

图 4—10　设备检修的安全要求

时，应根据上述要求选择下列安全措施。

1）设备维修班组长应对检修安全工作负全面责任。

2）检修前，班组长要落实检修小组、人员以及各项安全措施。

3）检修时，班组长要落实检修方案以及方案的要求。

4）当对特种设备进行检修作业时，班组长应要求并监督检修人员按作业规范进行。

5）进行检修时，班组长应确定设备彻底隔绝、清洗且置换合格。

6）对不符合检修作业的工具不得使用。

7）对检修用的电动工具，应配备漏电防护装置。

8）对检修用的盲板确定合格后才可使用。

（3）设备检修安全管理措施。设备维修班组在进行设备检修工作时，班组长应做好以下 6 项工作，具体如下。

1）提前对设备检修中需要用到的用具及安全防护品进行全面检查，确保其安全可靠。

2）检修前，强调安全注意事项，宣读危险点控制措施。

3）要求检修人员正确使用防护用品，系好安全带、戴好安全帽，杜绝侥幸心理。

4）对外来检修人员进行安全教育及严格的监督检查，及时纠正其违章行为。

5）实施全过程监控，要求生产班组安全员积极配合做好安全自查工作。

6）检查检修人员的精神状态，及时制止和排除安全事故隐患，做好现场安全监护。

4. 设备检修的安全注意事项

（1）凡处于检修中的设备，应在设备的醒目位置写上“正在检修”字样，以防止不知情的工作人员开动设备。

（2）设备检修期间需要拆除设备零部件时，应将拆下的设备零部件放于合适的位置并固定好，防止砸伤人。

（3）需要检修的设备零部件若过大或过重，应使用起重设备进行操作，禁止手工搬动。

（4）设备的检修期限超过一个工作日时，应将存在危险的设备周围用隔离带进行隔离，并禁止人员进入。

（5）设备检修人员在检修过程中需要拆除设备的零部件时应注意安全，当设备出现下列情形之一时，检修人员不得拆除设备，如图4—11所示。

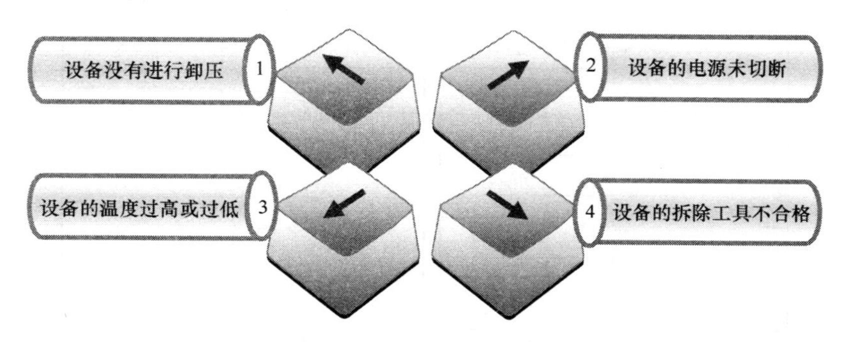

图4—11 拆除设备的注意事项

4.1.3 设备运行安全管理流程

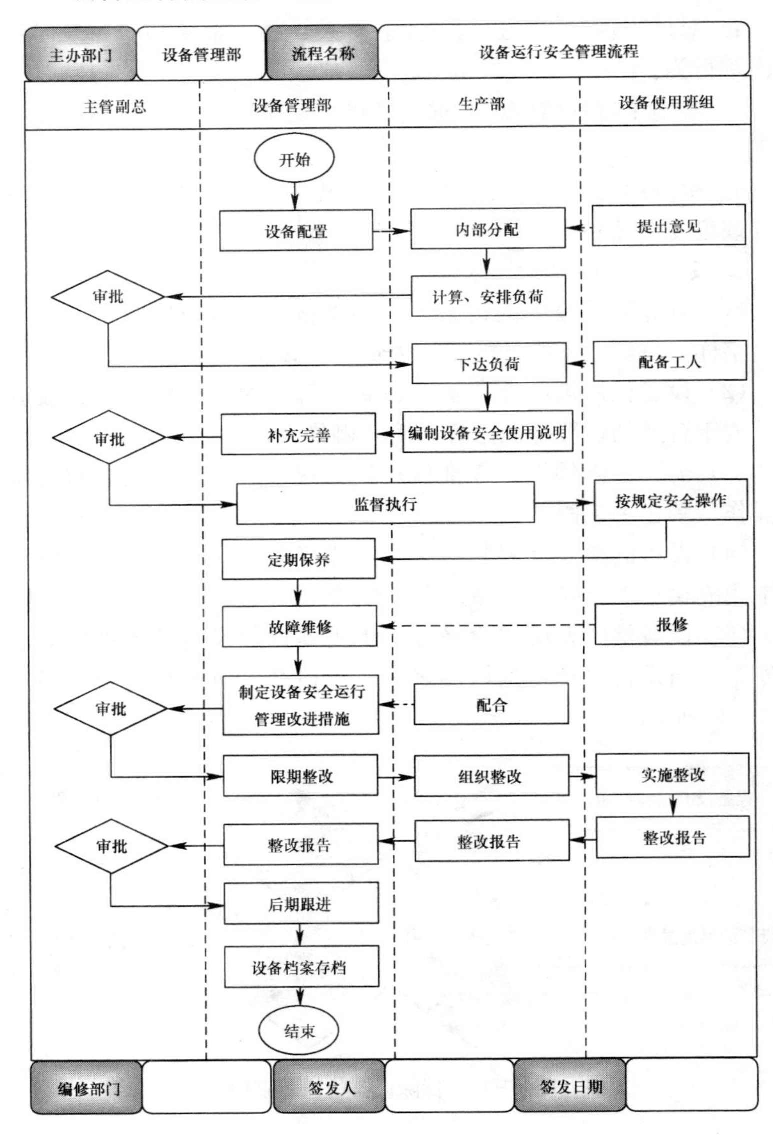

4.1.4　电力设施设备巡检流程

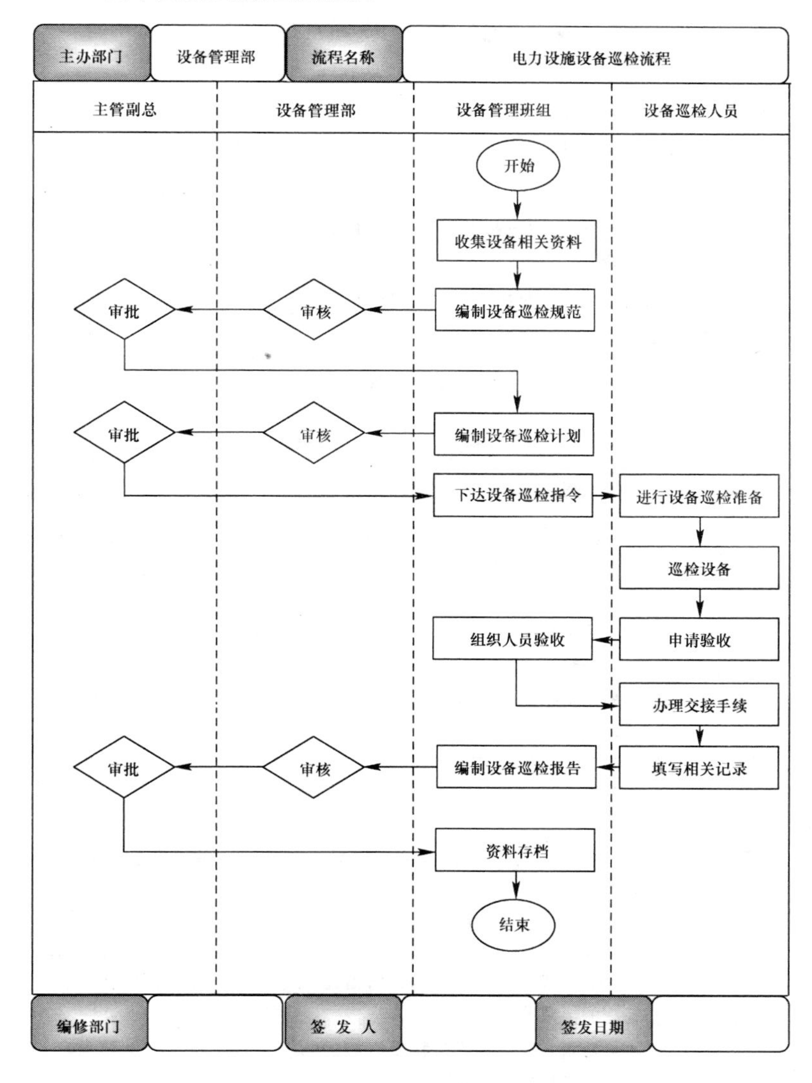

4.2 发电企业作业安全管理

4.2.1 发电作业现场管理

发电企业生产现场管理的内容包括厂房等建筑物、安全设施、生产照明及电源的安全管理。班组长需了解发电企业作业现场管理的内容，以便在管辖范围内进行合理的管理。

1. 建筑物管理

安全管理员对建筑物进行安全管理，确保建筑物布局合理、结构完好，并定期对其进行清扫、检查等工作，消除安全隐患。建筑物安全管理的具体内容如表 4—4 所示。

表 4—4　建筑物安全管理的内容

管理事项	工作内容
建筑物布局	◆ 建筑物要布局合理，易燃易爆设施、危险品库房与办公楼、宿舍楼等距离符合安全要求
建筑物结构	◆ 建筑物结构完好，无异常变形和裂纹、风化、下塌现象，门窗结构完整 ◆ 建筑物的化妆板、外墙装修不存在脱落伤人等缺陷和隐患 ◆ 建筑物的屋顶、通道等场地符合设计载荷要求
清扫管理	◆ 定时对厂房、门口、通道、楼梯、平台进行清扫、清洁，确保其干净整洁 ◆ 生产厂房内外保持清洁完整，无积水、油、杂物，减少安全隐患 ◆ 门口、通道、楼梯、平台等处无杂物阻塞，消除安全隐患
检查管理	◆ 定期或不定期对厂房、防雷建筑等进行检查，确保其符合安全管理的要求 ◆ 防雷、厂房等建筑物及区域的防雷装置应符合有关要求，并按规定定期检查、检测

2. 安全设施管理

发电企业现场的安全设施的管理主要包括安全标识、安全防护用品、安全消防设施等安全设施的管理。

班组长需掌握发电现场所有安全设备管理办法，以便进行安全防护，确保管辖范围内人员和设备的安全。发电企业安全设施管理的具体内容如表4—5所示。

表4—5 安全设施管理

分类	名称	具体内容
消防设施	消火栓	● 消火栓前面需标注“消火栓”字样、火警电话和厂内电话号码及编号等字样 ● 应急工具：侧面应悬挂一粗钢筋制作的小锤
	灭火器	● 悬挂在灭火器、灭火器箱存放的通道上 ● 泡沫灭火器上应标志“不适应电火”字样
	灭火器箱	● 灭火器箱前面需标注“灭火器箱”字样、火警电话、厂内电话号码、编号等字样 ● 泡沫灭火器箱上应在其顶面部标志“不适应电火”字样
	紧急出口	● 设置安全紧急撤离的出口
防护用品	绝缘防护用品	● 带电作业防护服、绝缘服、绝缘网衣、绝缘肩套、绝缘手套、绝缘鞋（靴）、带电作业皮革保护手套、绝缘安全帽等用品的管理
	坠落防护用品	● 包括安全带、速差自控器、缓冲器、安全自锁器、抓绳器、高空防坠落装置、安全防护网、安全绳等用品的管理
	头部防护用品	● 各式安全帽；脸部防护（防护口罩、防电弧面罩、焊接面罩、防护眼镜、防护面屏）；听力防护（各种防护耳塞）；呼吸防护（各种防毒面具、空气呼吸器）等用品的管理
	身体防护用品	● 防电弧服、专业防护服（包括：SF6、透气、避火隔热、防化等）、反光标志工作服等用品的管理

续表

分类	名称	具体内容
防护用品	手部防护用品	● 专业防护手套（防滑、防割、防冻、防化、耐高温等）等用品的管理
	足部防护用品	● 安全鞋、专业防护鞋等用品的管理
防护设施	临时防护设施	● 因工作需拆除防护设施，必须装设临时围栏 ● 工作终结后，需及时恢复防护设施
	输煤皮带防护遮栏	● 设置在输煤皮带两侧
	输煤皮带滚筒防护网	● 设置在输煤皮带滚筒的防护
	其他防护设施	● 楼板、升降口、吊装孔、地面闸门井、雨水井、污水井、坑池、沟等处的栏杆、盖板、护板等防护设施齐全，符合国家标准及现场安全要求
其他	紧急洗眼水	● 悬挂在从事酸、碱工作的蓄电池室、制氢站、化验室洗眼水喷头旁
	急救药箱	● 在生产现场设置急救药箱

3. 生产区域照明管理

发电企业需对生产区域的照明进行合理的配置，保证作业人员在有足够光线的环境下作业，减少安全事故的发生。

班组长对其管理区域的照明可进行适当的监管，对企业不合理的设置，可向安全管理员提出合理的建议。生产区域照明管理要求如下所示：

（1）生产厂房内外工作场所常用照明应保证足够亮度。

（2）仪表盘、楼梯、通道以及机械转动部分和高温表面等地方光亮充足。

（3）控制室、主厂房、母线室、开关室、升压站及卸煤机、翻车机房、油区、楼梯、通道等场所事故照明配置合理，投入使用后自动运行，且安全可靠。

（4）常用照明与事故照明需定期切换并有记录。

（5）生产区域内的应急照明需齐全，并且符合相关规定。

4. 电源管理

电源管理包括电源箱、电源接线的管理。具体的管理内容如图4—12所示。

电源箱的管理

◎ 电源箱箱体接地良好，接地线应选用足够截面的多股线
◎ 箱门完好，开关外壳、消弧罩齐全，引入、引出电缆孔洞封堵严密，室外电源箱防雨设施良好
◎ 电源箱导线敷设符合规定，采用下进下出接线方式，内部器件安装及配线工艺符合安全要求，漏电保护装置配置合理、动作可靠，各路配线负荷标志清晰，熔丝（片）容量符合规程要求，无铜丝等其他物质代替熔丝现象
◎ 电源箱保护接地、接零系统连接正确、牢固可靠，符合安全要求；插座相线、中性线布置符合规定，接线端标志清楚

电源接线的管理

◎ 临时用电电源线路敷设符合规程要求，不得在有爆炸和火灾危险场所架设临时线，不得将导线缠绕在护栏、管道及脚手架上或不加绝缘子捆绑在护栏、管道及脚手架上
◎ 临时用电导线架空高度满足要求：室内大于2.5米、室外大于4米、跨越道路大于6米（指最大弧垂）；原则上不允许地面敷设，若采取地面敷设时应采取可靠、有效的防护措施
◎ 临时线不得接在刀闸或开关上口，使用的插头、开关、保护设备等符合要求

图4—12　电源管理内容

4.2.2　安全标识管理

发电企业需对危险区域配置安全标识，并确保其齐全、规范符合国家规定，满足有关安全设施配置标准要求。

安全标志标识管理主要包括设备及安全工器具标志、安全警示线的管理。班组长需正确掌握安全标识，以便正确使用和辨识。

1. 设备及安全工器具标识

发电企业所有的设备及安全工器具都需设置标识牌，以便操作

人员正确地识别，正确操作。一般来说标识牌需注明设备名称、编号、开关方向标志及阀位指示标识等内容，并且确保其齐全、清晰、规范。

发电企业常见设备及安全工器具标识牌的设置规范如表 4—6 所示。

表 4—6　　安全工器具标识牌一览表

设备及工具	标识牌	设置规范
机炉主、辅设备标识	汽轮发电机标识牌	● 标明机组顺序编号和名称 ● 固定于机组机头侧醒目处
	锅炉标识牌	● 标明锅炉顺序编号和名称 ● 固定于锅炉运转层的醒目处
	主要辅机设备标识牌	● 标明辅机名称和编号 ● 安装固定于设备中部处，面向主巡回检查路线
	主要辅机控制箱标识牌	● 标明辅机控制箱名称和编号 ● 喷漆于控制箱正面板上 2/3 高度处
电力线路标识	线路名称、杆号及色标标识牌	● 线路杆塔须悬挂线路名称、杆号牌 ● 相临近（100 米以内）平行线路及线段的杆塔、交叉跨越线路交叉点两侧杆塔须悬挂线路名称、杆号及色标标识牌 ● 跨越公路的两侧杆塔上，面向公路 ● 悬挂高度距地面 3 米，面向小号侧
	线路相位标识牌	● 起始杆塔每相 ● 终端杆塔每相 ● 换位杆塔及其前后第一基杆塔每相 ● 导线悬挂点的左旁或右旁
	电缆线路标识牌	● 应标明电缆线路电压等级、线路名称、电缆型号、规格及终点（并联使用的电缆应有顺序号） ● 装设在电缆终端头处
	电力电缆、控制及普通电缆标识牌	● 固定于电缆两端部

续表

设备及工具	标识牌	设置规范
安全工器具标识	安全工器具 试验合格证标识	● 贴在经试验合格的工器具上 ● 安全工器具试验合格证标识可采用粘贴力强的不干胶材料制作
	接地线标识牌及接地线存放地点标识牌	● 固定在地线地端线夹把手上 ● 接地线标识牌应由铝板、其他金属或绝缘材料制作，直径：80 毫米，厚度 1 毫米 ● 接地线存放地点标识应固定在接地线存放处醒目位置，以便于接地线使用中对号入座
	防误闭锁解锁钥匙盒	● 发电厂主控制室、变电站控制室 ● 解锁钥匙盒是将解锁钥匙存放在其中并加封，根据规定执行手续后使用 ● 解锁钥匙盒为木质或其他材料制作，面部为玻璃，在紧急情况下将玻璃敲碎，取出解锁钥匙使用

2. 安全警示线

安全警示线用于界定和划分危险区域，向作业人员传递某种注意或警告的信息，以避免造成人身伤害。发电企业在危险区域和保护区域可设置安全警示线，以防作业人员踏入。

安全管理员需合理设置安全警示线，以保护班组长、作业人员等作业现场人员的安全。班组长也需了解安全警示线，以防踏入危险区域，发生安全事故。

安全警示线包括禁止阻塞线、减速提示线、安全警戒线、防止踏空线、防止碰头线、防止绊脚线等。安全警示线的具体说明如表 4—7 所示。

表 4—7　　安全警示线说明

安全警示线	图例	设置规范
禁止阻塞线		● 标注在灭火器存放处 ● 标注在厂房通道旁边的配电室仓库门口
减速提示线		● 标注在减速卡处
安全警戒线		● 发电机组周围（距离为 1 米） ● 落地安装的转动机械周围（0.8 米） ● 控制盘（台）前（0.8 米） ● 配电盘（屏）前（0.8 米）
防止踏空线		● 标注在楼梯第一级台阶上 ● 标注在人行通道高差 300 毫米以上的边缘处 ● 防止踏空标识应采用黄色油漆涂到第一级台阶地面边缘处
防止碰头线		● 标注在人行通道高度不足 1.8 米的障碍物上 ● 黄黑相间条文，两色宽度相等，一般为 100 毫米，面积较小时可适当缩小，斜度为 45 度
防止绊脚线		● 黄黑相间警示线，标注在人行横道地面上高差 300 毫米以上的管线或其他障碍物上

4.2.3　重大危险源的监控

重大危险源是指发电活动中危险物质或能量超过临界量的设备、设施或场所。发电企业需对重大的危险源进行监控，以防发生安全事故，确保企业的安全。

1. 重大危险源的控制措施

安全管理员根据发电企业的特点以及生产现场危险因素识别，可对以下危险性较大的监控部位制定措施。重大危险源具体的控制措施如表4—8所示。

表4—8　重大危险源的控制措施

控制环节	控制措施
化学有毒物质的控制	◆ 禁止将药品放在饮食器皿内，也不准将食品和食具放在化验室内 ◆ 禁止用口品尝和正对瓶口用鼻嗅的方法来鉴别性质不明的药品 ◆ 每个装有药品的瓶子上均应贴上明显的标签，并分类存放 ◆ 凡有毒性的药品不准放在化验室的架子上，应储存在隔离的房间和柜内 ◆ 药品应用两把锁锁好，钥匙分别由两人保管
易燃易爆物品控制	◆ 生产工作场所不得存放易燃易爆物品， ◆ 易燃易爆品应放置专门场所，设置“严禁烟火”标识 ◆ 对易燃易爆物品必须执行“五双”制度
锅炉和压力容器控制	◆ 使用单位贯彻执行与压力容器有关的安全技术规范规章 ◆ 使用单位参加压力容器订购、设备进厂、安装验收及试车 ◆ 使用单位检查压力容器的运行、维修和安全附件校验情况 ◆ 使用单位进行压力容器的检验、修理、改造和报废等技术审查 ◆ 登记压力容器使用资料及技术资料
变电站、高压母线室电气设备控制	◆ 组织措施：建立工作票制度、工作许可制度、工作监护制度、工作间断转移和终结制度 ◆ 技术措施：在全部停电或部分停电的电气设备上工作，必须采取停电、验电、装设接地线、悬挂标识牌和装设遮栏等措施

2. 重大危险源监控程序

重大危险源监控程序主要分为辨识与评估、登记建档与备案、监控与管理三步来进行。班组长需掌握监控程序，识别出作业现场内的重大危险源，以便对其进行监控管理，防止重大事故和人员伤亡的发生。具体的监控程序如图 4—13 所示。

辨识与评估

◎ 组织对生产作业活动中各种危险、有害因素可能产生的后果进行全面辨识
◎ 对使用新材料、新工艺、新设备以及设备、系统技术改造可能产生的后果进行危害辨识
◎ 按相关国家标准开展重大危险源辨识与评估，建立重大危险源应急预案和相关管理制度

登记建档与备案

◎ 按规定对重大危险源登记建档，进行定期检查、检测
◎ 企业需将本单位重大危险源的名称、地点、性质和可能造成的危害及有关安全措施、应急救援预案报有关部门备案

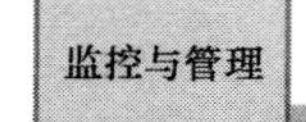

◎ 采取有效的技术和设备及装置对重大危险源实施监控
◎ 加强重大危险源存储、使用、装卸、运输等过程管理
◎ 落实有效的管理措施和技术措施

图 4—13　重大危险源监控程序

4.2.4　作业隐患排查治理

发电企业进行作业隐患的排查，主要目的是消除发电过程中存在的危险，确保企业的安全。各班组长需配合安全管理员进行作业隐患的排查工作。企业要消除作业中存在的安全隐患需经过 4 个阶段来实现，具体如下所示。

1. 建立隐患管理制度

企业需建立隐患排查治理制度，界定隐患分级、分类标准，明确“查找—评估—报告—治理（控制）—验收—销号”的闭环管理流程。

每季、每年年底安全管理人员需组织各车间、各班组对本单位的事故隐患排查治理情况进行统计分析，并按要求及时报送电力监管机构，主要负责人需在统计分析表上签字。

2. 隐患排查

安全管理员在进行作业隐患排查的过程中，班组长需配合安全管理员发现和辨识作业现场存在的安全隐患。隐患排查的具体内容如图 4—14 所示。

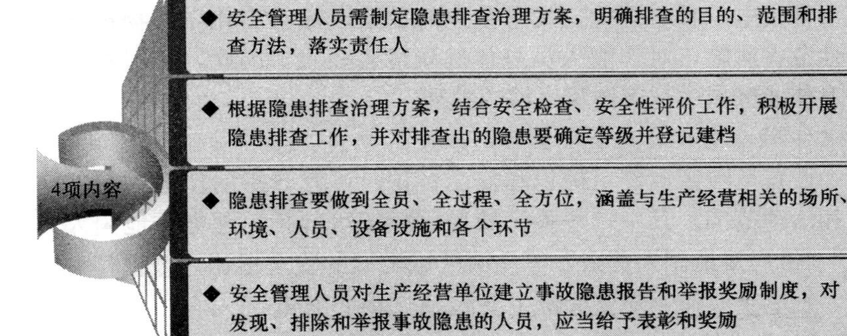

图 4—14　隐患排查的内容

3. 隐患治理

安全管理员对排查出的隐患要及时进行治理。安全管理员在治理前要采取有效控制措施，制定相应应急预案，并按有关规定及时上报。因自然灾害可能导致事故灾难的隐患，按照有关法律法规、标准的要求切实做好防灾减灾工作。

短时间内无法消除的隐患要制定整改措施，确定责任人、落实资金、明确时限和编制预案，做到安全措施到位、安全保障到位、强制执行到位、责任落实到位。

4. 监督检查

安全管理员要加强隐患排查治理过程中的监督检查，对重大隐患实行挂牌督办。隐患排查治理后要对治理效果进行验证和评估。

4.3 发电企业职业健康管理

4.3.1 危害健康的区域管理

发电企业因其作业特点，可分为化学性发电、物理性发电以及生物性发电三种。因此，发电企业的危险区域具有化学、物理和生物性危害风险，对作业人员身体健康危害较大，因此，班组长应加强对作业区域中危害健康区域的管理。

1. 设置警示标识和安全标识

设置危险区域警示标识和安全标识，可有效指示作业人员的作业和活动范围。其中，危险区域警示标识可包括“配电重地闲人莫入”“机房重地闲人莫入”等注明区域类型的安全标识。根据作业特点，发电企业作业安全标识主要包括“小心有电”“停电”“送电”“已接地”“禁止操作”“禁止合闸”“设备在运行”“设备在检修”“禁止合闸、有人作业”等指示和警示标识。

发电企业常用警示和安全标识的具体示例如图 4—15 所示。

2. 危险区域安全规划

发电企业对其生产作业区域应进行详尽的调查规划，设置隔离作业区，将有辐射和扩散危害的作业设备安置其中，合理规划区域，将作业区域远离员工休息区域，并对可能发生急性职业危害的有毒、有害工作场所，设置报警装置，配置现场急救用品，设置应急撤离通道和必要的泄险区。

3. 危害健康区域检测

(1) 检测手段。危害健康区域检测的工作主要包括对作业区域内有害物质的发生源、发生量随着时空变化而变化的情况进行测定。环境监测手段主要包括日常监测和专业定期监测两种，其具体内容如图 4—16 所示。

依据国家有关法律、法规和职业卫生标准，企业应定期委托专业检测机构对生产经营单位生产过程中产生的职业危害因素进行采

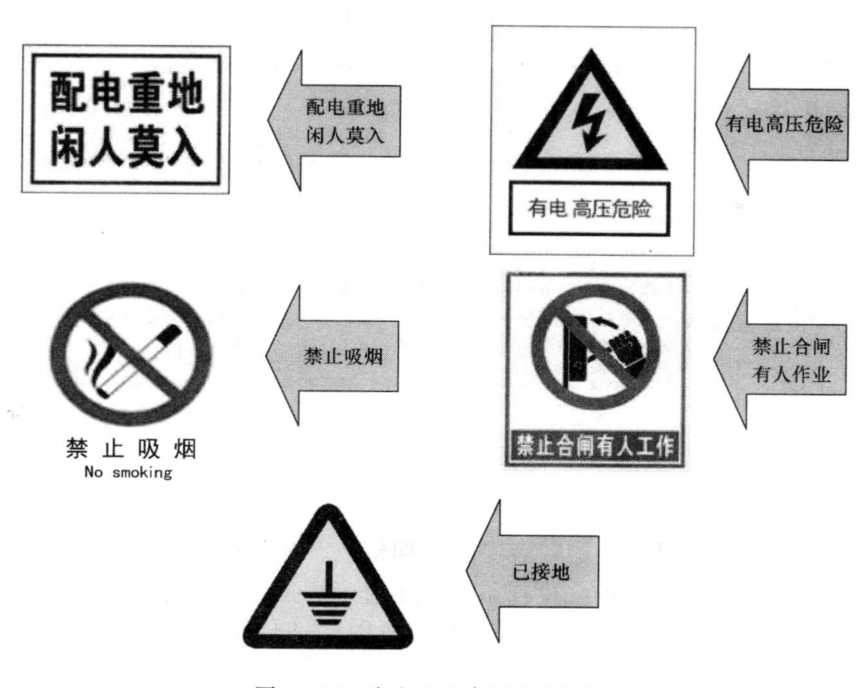

图 4—15　发电企业常用安全标识

日常监测	生产现场设置专人对作业场所各职业危害因素的数值进行日常监测，保证监测系统处于正常工作状态。监测的结果及时向作业人员公布
专业检测	委托具有相应资质的中介技术服务机构每年至少进行一次作业场所职业危害检测，每三年至少进行一次职业危害现状评价。定期检测、评价结果存入职业危害防治档案，向从业人员公布

图 4—16　危害健康区域检测手段

样和接触性检测，并在得到检测结果后，在检测危害超标区域设置醒目标识牌予以警示，并将检测结果存入职业健康档案。

（2）检测方法。对于危险区域内的物理、化学和生物危害因素，企业可借助特殊设备和专业手段进行检测，具体检测方式如图 4—17 所示。

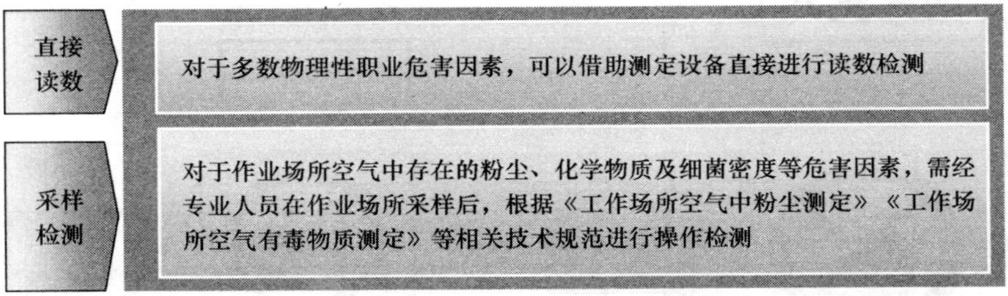

直接读数	对于多数物理性职业危害因素，可以借助测定设备直接进行读数检测
采样检测	对于作业场所空气中存在的粉尘、化学物质及细菌密度等危害因素，需经专业人员在作业场所采样后，根据《工作场所空气中粉尘测定》《工作场所空气有毒物质测定》等相关技术规范进行操作检测

图 4—17　危害健康区域检测方式

4. 危险区域环境管理措施

在日常的环境监测或者专业定期检测、评价过程中，发现作业场所职业危害因素的强度或浓度等不符合国家、行业标准，企业规定的，应立即采取措施进行整理，改善作业环境。具体措施见表 4—9。

表 4—9　　　　　危害健康区域管理措施一览表

危害健康区域类型	管理措施
粉尘型作业场作	◆输煤、制粉、锅炉、除灰、脱硫等设备及其系统的扬尘点所在作业区域应相对开阔并设有大型工业排风扇等设备 ◆对生产中用到的易产生粉尘的物料进行加湿处理，对于不能进行湿化处理的物料，尽量将物料进行密封化、管道化、机械化作业处理 ◆对于粉尘浓度较大的生产现场，要定时用水冲洗地面、墙壁、建筑构件及允许水洗的设备外罩等地方，保持作业场所粉尘湿润状态，避免二次扬尘 ◆粉尘浓度比较高的生产现场必须不间断地进行通风除尘，任何人不得以任何理由停止除尘工作

续表

危害健康区域类型	管理措施
噪声型作业场所	◆生产中噪声排放比较大的电气设备应尽量设置在离作业区域点或人员集中点比较远的地方 ◆对于无法布置比较远的排放噪声比较大的电气设备，应在设备上安装隔音机罩或设置隔音间，阻断噪声向外排放 ◆对于存放有运行电气设备的隔音间，应做好隔音间的密封工作，随时关闭隔音门与隔音窗，确保将噪声与作业人员隔离开来
辐射型作业场所	◆现场存在放射性辐射，相关人员必须根据具体情况在放射源设置屏蔽物，屏蔽物的厚度与材质以技术部门提供的资料为准，禁止擅自变更 ◆班组应配合技术部将产生放射性辐射的作业流程自动化、生产设备密封化，尽可能减少人工操作 ◆有电磁性辐射的生产现场，需要用铁、铝、铜等材料建造金属屏蔽室来屏蔽辐射源 ◆带有微波辐射的设备必须加屏蔽罩后方可投入使用
有毒害作业场所	◆尽量将生产现场的机械设备和管道密封，通过技术改造使其尽量实现自动化，减少人工操作，以降低中毒事件发生的概率 ◆企业工艺技术人员进行技术更新，尽量采用低毒或无毒的生产原料，消除或减少毒害的发生源 ◆按照国家有关要求，对储存和使用有毒、有害化学品（如酸、碱、氨、联胺、六氟化硫等化学品）、工业废水和生活污水地上布置的酸碱储存设备周围应设耐酸、碱防护围沿，围沿内容积应大于最大一台酸、碱设备的容积。当围沿有排放措施时，可适当减小其容积 ◆酸、碱储存区域内应设安全淋浴器 ◆加氯系统应设有泄氯报警装置和氯气吸收装置且符合要求。加氯间、联氨仓库及加药间、电气检修间的浸漆室、生活污水处理站的操作间等易产生有毒、有害气体，应设置通风柜及机械通风装置

续表

危害健康区域类型	管理措施
高温型作业场所	◆在不影响电力生产的前提下，合理安排高温作业的热源，尽量疏散热量 ◆在生产工艺或技术允许的情况下，采用水隔热或材料隔热的方法隔绝热源 ◆在高温作业车间必须设置多个通风口，并安装工业电扇，以排除对流热，降低作业场所温度 ◆在高温作业现场应设置冷气休息室，防止因温度过高造成人员伤害

4.3.2 职业健康危害的告知

1. 职业健康危害告知的意义

职业病的危害因素是指在生产过程中、劳动过程中、作业环境中存在的危害劳动者健康，可能导致职业病的各种因素。

2. 职业健康危害告知的具体内容

发电企业作业人员，在其日常的生产作业过程中，可能会接触到各种各样的职业性危害因素，这些职业性危害因素，按其来源可以分为下面四类，具体如图 4—18 所示。

3. 职业健康危害告知的具体方法

发电企业与从事危险作业的人员订立劳动合同时，应将工作过程中可能产生的职业危害及其后果和防护措施如实告知从业人员，并在劳动合同中注明，明确职业危害告知工作中企业与员工所负有的责任和义务。

对存在严重职业危害的作业岗位，应按照标准的相关要求设置警示标识和警示说明。警示说明应载明职业危害的种类、后果、预防和应急救治措施。在正式上岗前，班组长需要对此类班组成员进行安全警示教育，明确作业危险点和作业现场安全标识的作用和意义。

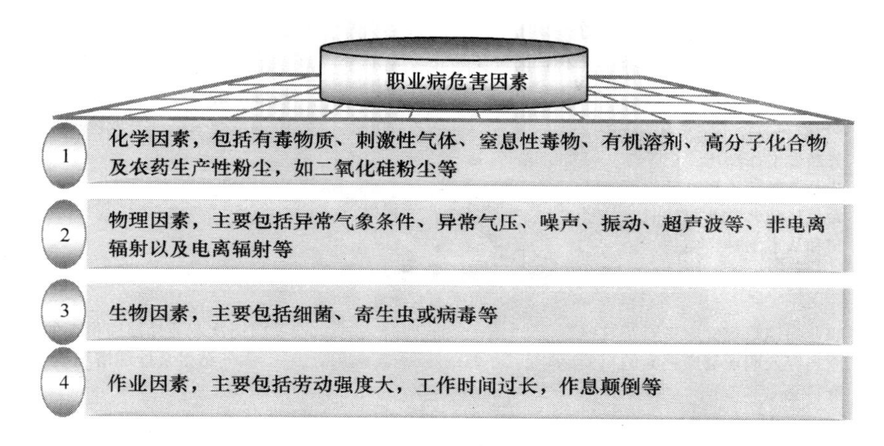

图 4—18 职业病危害因素

4.3.3 职业健康检查与防护

职业健康检查与防护是电力企业对其员工生命健康负责的基本措施。其中，职业健康检查是企业管理人员掌握一线作业人员身体健康情况的主要手段，是保证员工生命安全的预防措施，职业健康防护是企业降低和避免职业性危害对作业人员进行伤害的主要手段。具体内容如下所示。

1. 职业健康检查管理

发电企业应建立健全职业健康管理制度，并根据《中华人民共和国职业病防治法》的规定，为一线作业人员建立职业健康监护档案，并按照规定的期限妥善保存。

（1）职业健康监护档案的内容。所有职业健康检查结果及处理意见，均需如实记入员工健康监护档案。职业健康监护档案内容包括但不限于以下五项，如图 4—19 所示。

（2）职业健康检查方式。为保证作业人员的生命安全，职业健康检查应根据人员职业状态分为岗前健康检查、在岗健康检查、离岗健康检查、离岗后医学随访检查、应急健康检查等方式，全程掌

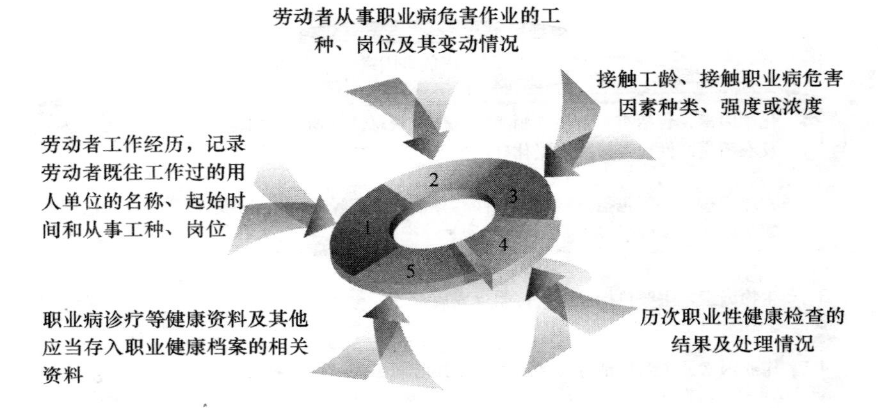

图 4—19　职业健康监护档案的内容

握作业员工的健康情况，分清责任，主动承担发电企业相应的职业健康责任。

2. 职业健康防护措施

发电企业职业健康防护措施，主要包括作业环境管理和作业管理。其中作业环境管理的具体内容和措施可参考本章表 4—9 的内容，作业管理的具体内容和措施如下。

（1）在危害健康区域作业的人员除必需的防护服等，还应按照危害特点配备防尘口罩、耳塞等防护用品，并严格按照安全警示或指示标识进行安全用品的脱戴。

（2）班组长应制定各作业工种的安全作业准则，并要求班组成员严格执行。对一线作业中使用的汽机抗燃油等危险物资建立管理制度，要求作业人员按规定回收。

（3）班组应对作业区域内动荷载较大的机器设备采取隔振、减振措施，减少作业人员因强烈振动造成身体负担和伤害。

（4）作业班组应安排专人对作业区域内如氨罐等存有危险物质的设备设施进行管理，并对自动监测装置、报警装置、水喷淋系统、冲洗设施、安全信号指示器、逃生风向标等安全设施设备进行检查和护理，保证作业人员能及时发现危险和处理险情。

（5）班组长在作业中应安排班组成员进行合理休息，控制作业人员的劳动强度在可接受范围内。

（6）异常高温、低温环境下作业劳动防护用品的发放应符合要求，并提供必要的防暑降温或保暖物资。

第5章　供电企业安全生产

5.1　送电变电配电安全运营

5.1.1　变电安全运营知识

1. 变电安全运营要求

电力企业变电运营班组必须明确变电的安全运营要求，确保班组工作人员的人身安全及设备安全，预防安全事故的发生。具体来说，变电运营班组需明确以下要求。

（1）变电运营班组作业人员必须严格执行国家标准、行业标准、地区规程、变电站颁布的安全标准以及用电单位安全工作规定，确保安全生产、安全运行及安全用电。

（2）要求用电单位设置专业的安全管理机构。

（3）电工作业人员需要掌握作业操作规程，持有特种作业操作证。

（4）班组内任何成员发现有违规作业，危及人身和设备安全时，应立刻制止，确保人身及设备安全。

（5）对违规作业者，加强安全教育，并视造成的事故情况予以处分。

（6）各用电单位若发生供电系统停电事故或重要电气设备事故、人身触电伤亡事故应立即报告供电企业变电运营班组。

（7）发生变电运营安全事故后，变电运营班组应组织调查分析事故，做到事故原因不清楚不放过；事故责任者没受教育不放过；没有采取预防措施不放过的“三不放过”原则。

2. 变电安全运营调度

（1）调度操作命令执行。变电运营班组应采取“集中管理，统一调度”的原则来进行变电运营的调度管理工作。在具体执行工作时，操作人员应按以下要求来对待调度的操作命令，具体要求如图5—1所示。

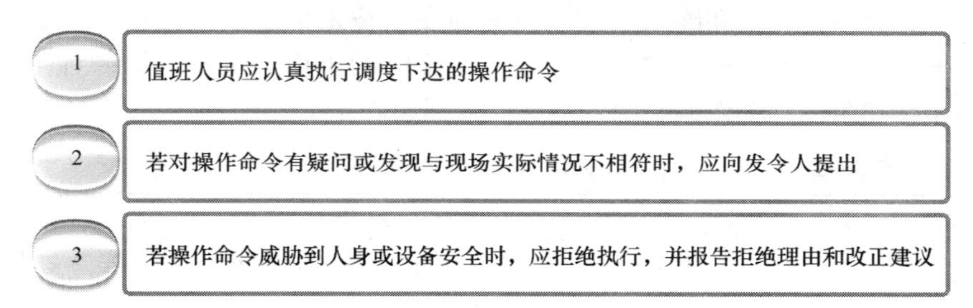

图5—1　如何正确对待调度的操作命令

（2）不经调度许可的操作。当出现以下情况时，变电运营班组长应允许操作人员不经调度就进行操作，以确保变电运行人员及设备的安全，避免事故的发生，具体情况如图5—2所示。

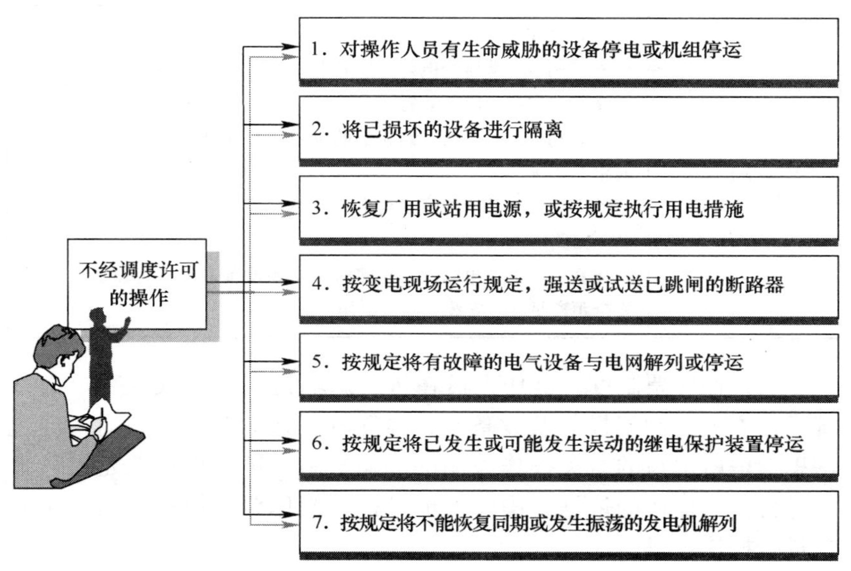

图5—2　不经调度许可的变电安全运营操作

3. 变电安全运营管理制度

（1）工作票制度。工作票是批准作业人员在电气设备上操作的书面命令，也是明确安全职责，执行安全措施，履行工作许可、监护、间断、转移和终结手续以及实施安全技术措施的书面依据。依据工作性质的不同，在变电设备上工作时的工作票可分为第一种工作票和第二种工作票，两者的具体区别如表5—1所示。

表5—1　两种工作票的区别

工作票类型	适用工作
第一种工作票	◆高压设备上工作需要将高压设备停电或装设遮栏者 ◆在电气场所工作需要高压设备停电或装设遮栏者 ◆进行高压室内的二次回路及继电保护装置或测控装置等工作，需要高压设备停电者 ◆运行中变电所的扩建、基建工作，需将高压设备停电或因安全距离不足而做安全措施者 ◆一合闸即可送电的设备上的工作
第二种工作票	◆带电作业和在带电设备外壳上作业 ◆控制盘、低压配电盘、配电箱及电源干线上作业 ◆继电保护、测控装置、自动装置及二次回路上作业 ◆转动中的发电机、调相机的励磁回路或高压电动机转子电阻回路上作业 ◆非当班人员用绝缘棒对电压互感器定相或用钳形电流表测量高压回路的电流等 ◆在运行的变电站改、扩建时，安装设备未与运行设备连接且安全距离足够的安装或试验工作

（2）操作票制度。操作人员在进行影响机组生产或改变电力系统运行方式的倒闸操作及设备开、停等较复杂的操作项目时，经过深思熟虑所填写的有关操作说明的书面资料。填写操作票是操作人员进行倒闸操作的依据，操作人员可根据操作票上填写的内容按要求进行操作项目。

变电运行班组在改变电气设备运行状态时，必须使用操作票进行倒闸操作，其目的是防止操作人员错误操作。

（3）交接班制度。变电运营班组必须严格执行企业制定的交接班制度，即运行值班人员在进行交班和值班时所应遵守的有关规定和要求。交接班制度是变电运营班组确保企业连续生产、安全发电及供电的有力措施。

（4）巡回检查制度。变电运营班组值班人员在值班时必须遵守企业制定的巡回检查制度，即运行值班人员在值班时间内按制度要求对有关电气设备及执行系统进行定时、定点的全面检查。

变电运营班组每个值班人员都应按各自的岗位工作职责，认真执行企业的巡回检查制度，及时发现设备缺陷、隐患并处理，保证设备的安全运行。

（5）设备定期试验和切换制度。变电运营班组应按规定对主要设备进行定期试验与切换运行，提高设备运行的可靠性，确保运行设备故障时备用设备能正常投入生产，保证生产的连续安全进行。

4. 变电安全运营管理措施

变电运营班组可通过以下措施来加强变电运营的安全管理，保证电力生产安全运行、经济运行。

（1）落实规章制度和安全生产责任。变电运营班组应制定完善的可实施的安全生产责任制度及奖罚制度，将生产责任落实到个人，即每项工作都有专人负责。同时，对操作人员进行思想教育、安全教育，提高操作人员的安全工作责任心。

（2）加强操作人员的专业素质。变电运营班组应提高操作人员的工作主动性，认真执行企业变电运行管理制度，使其掌握处理各种事故的能力，提高办事效率，以确保变电设备运行的安全，避免事故的发生。

（3）提高技术管理。变电运营班组应定期对员工进行技术岗位培训，使其熟练掌握设备的构造、工作原理、故障处理、操作程序、器具件更换周期等，并开展突发事故抢修模拟训练，以提高操作人员处理事故的应变能力。

(4) 强化设备管理。变电运营班组在强化运行设备管理时，要做好以下五项工作，具体如图 5—3 所示。

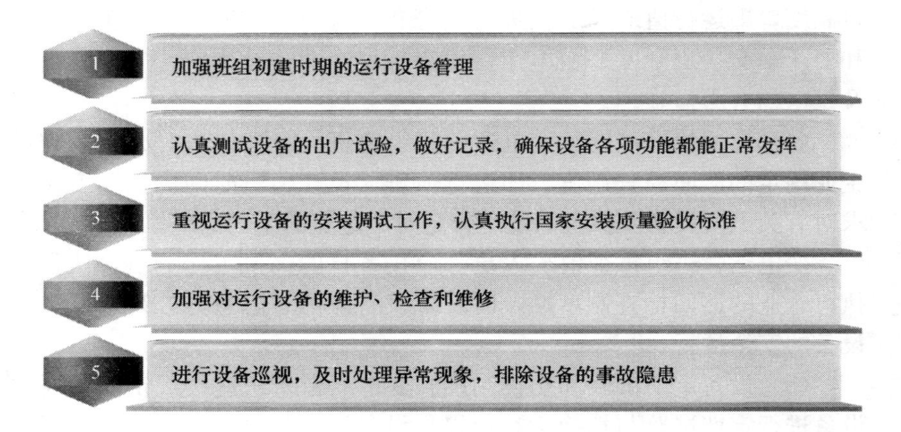

图 5—3　强化设备管理工作事项

5. 变电安全运营事故处理

(1) 事故处理原则。当变电运营班组发生安全事故时，变电运营班组应按以下原则处理事故，如图 5—4 所示。

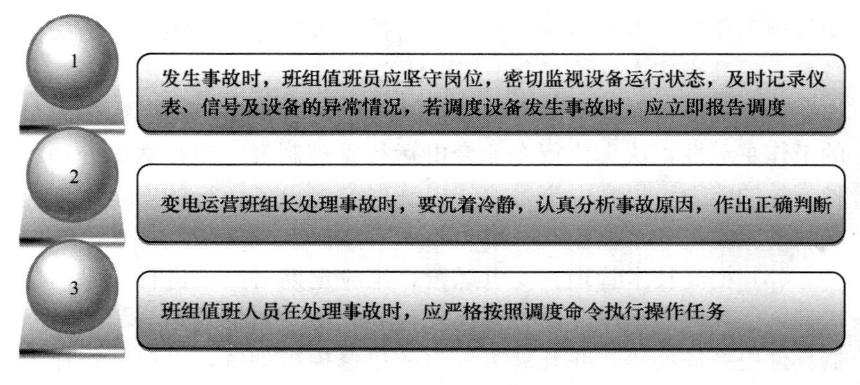

图 5—4　变电安全运营事故处理原则

（2）事故处理注意事项。变电运营班组长或班组成员在处理事故时，为确保人身及设备安全，必须注意以下几点，如图5—5所示。

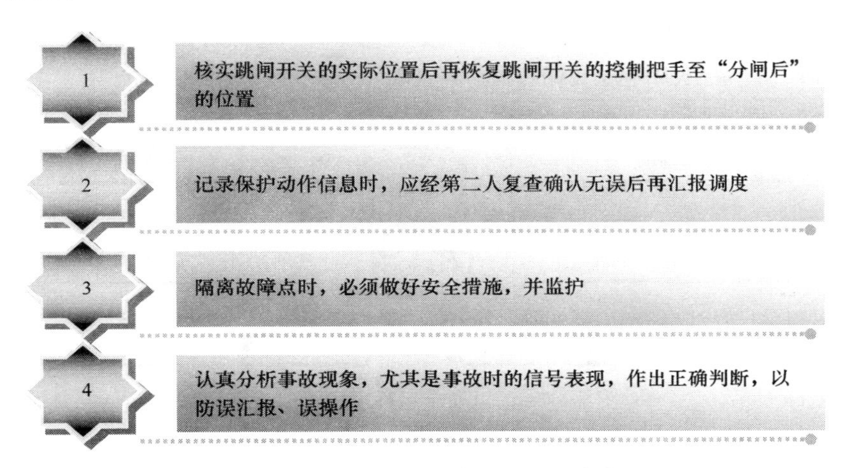

图5—5　变电安全运营事故处理注意事项

5.1.2　配电安全运营知识

1. 配电安全运营现场管理要求

电力企业配电运营班组必须执行企业规定的现场管理要求，确保现场配电设备、配电线路的正常运行。

（1）配电现场记录。配电运营班组在现场执行工作时，必须进行现场记录。记录的具体内容如图5—6所示。

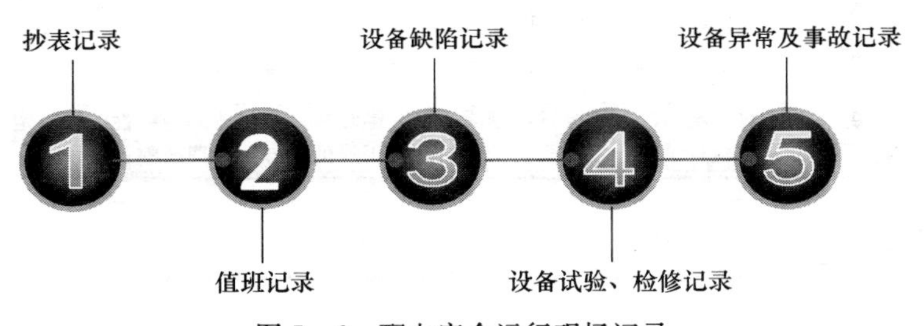

图5—6　配电安全运行现场记录

（2）配电现场管理制度。配电运营班组应严格执行企业制定的配电运营管理制度，保证配电设备、配电线路能及时、正常地供、配电。具体来说，配电运营班组应按照以下制度的要求进行配电运营，如图5—7所示。

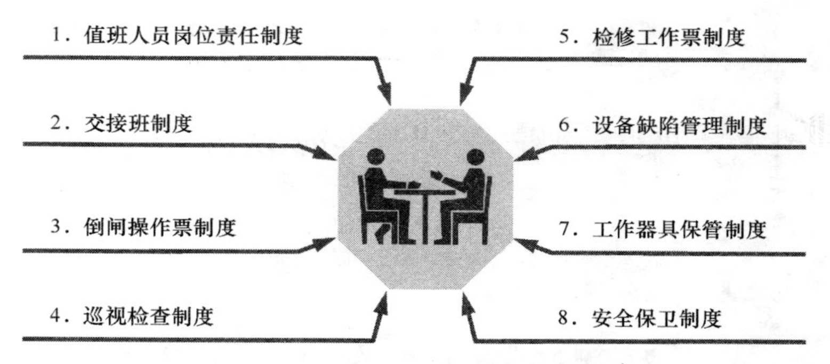

图5—7 配电安全运行现场管理制度

（3）配电现场运行基本要求。配电运营班组长必须确保配电作业场所、所用电气设备、工作器具等符合配电作业的安全要求，保证企业能正常地给用电单位供、配电。配电现场运行的基本要求如图5—8所示。

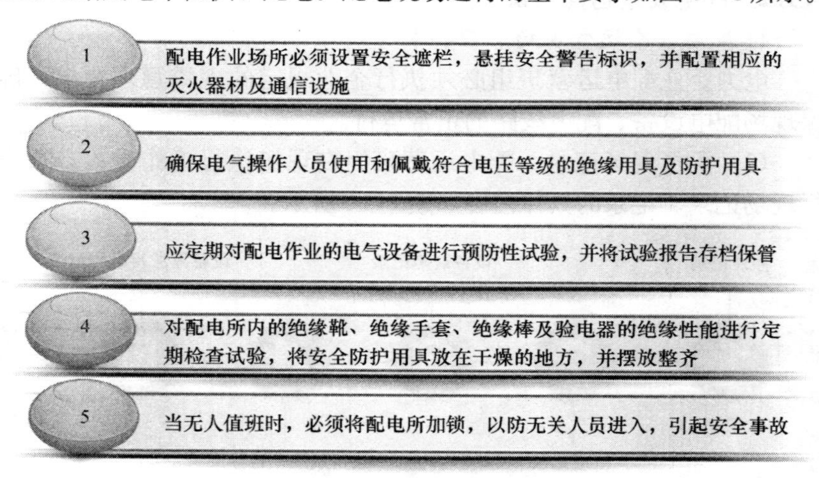

图5—8 配电现场安全运行基本要求

2. 配电安全运营值班人员要求

为确保企业配电作业的安全运营，配电运营班组长必须加强对值班人员的管理，明确值班人员在值班时应遵守的工作要求，具体内容如图 5—9 所示。

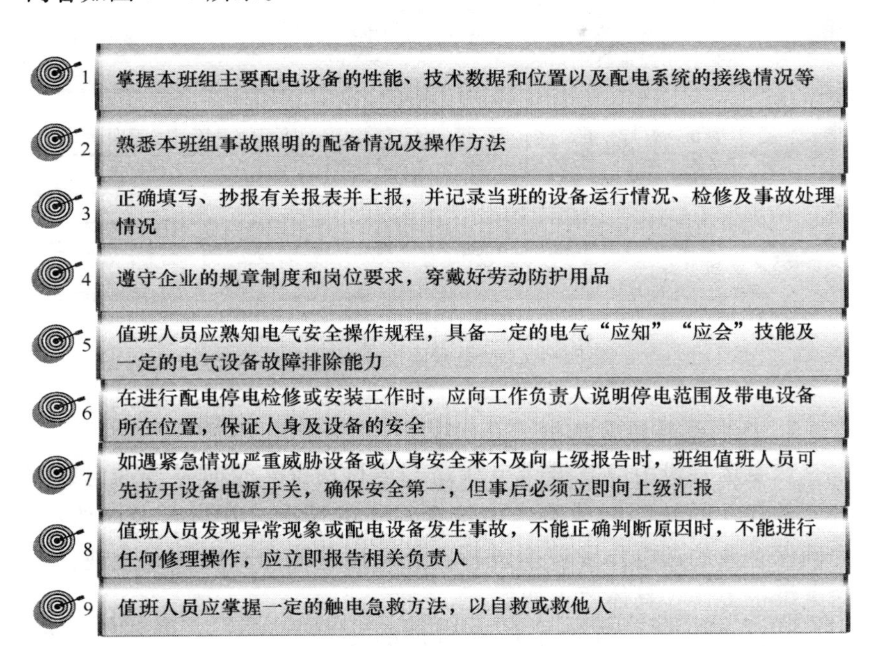

图 5—9　配电安全运营值班人员要求

5.1.3　送电安全运营知识

1. 送电安全运营要求

电力企业送电运营班组必须严格执行企业送电相关制度要求，保证送电线路的安全、稳定、经济运行。作为送电运营班组的负责人，班组长必须掌握以下送电线路安全运营要求，具体如图 5—10 所示。

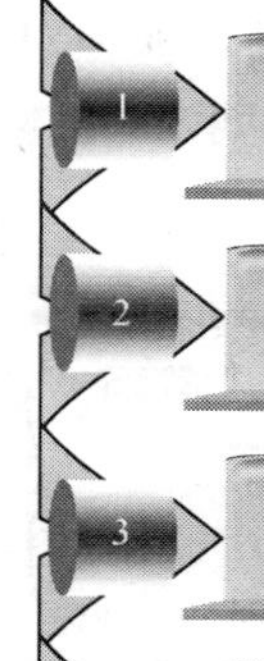

图 5—10　送电线路安全运营要求

2. 送电线路运营维护

送电运营班组应掌握送电线路的运行情况，及时发现送电线路各元件存在的缺陷和威胁送电安全运行的情况，并进行及时维护。为确保企业的送电作业安全进行，送电运营班组长需协助企业做好送电维护工作，具体要求如下。

（1）送电运行维护工作必须贯彻执行电力行业法规、标准、制度。

（2）送点运行班组必须建立健全岗位责任制，确保每条线路都有专人负责运行维护设备。已采取设备承包方式运行的，班组长需协助建立完善检查考核制度。

（3）坚持做好定期巡视，并根据实际需要进行故障巡视、特殊巡视、夜间巡视、交叉和诊断巡视等，确保巡视质量。

（4）发生故障时，需调查清楚故障原因，对发现的可能情况进行记录，并利用摄像或拍照获得故障现场的情景，以便分析。

（5）对特殊地区，如重污区、洪水冲刷区、多雷区等特殊区段和大跨越线路，班组长应根据具体情况及时组织班组人员加强巡视和检修，并做好预防事故的准备工作。

（6）送电运营班组应按照《中华人民共和国电力法》《电力设施保护条例》等相关文件的规定，做好送电线路防护区内线路的保护工作。

3. 送电线路缺陷管理

根据线路运行的规程规范、线路设计原始资料以及线路缺陷可能给线路的运行造成的后果可将线路缺陷分为一般缺陷、重大缺陷、紧急缺陷，三者的区别及处理规定如表5—2所示。

表5—2 线路缺陷的分类一览表

缺陷类型	具体含义	缺陷处理规定
一般缺陷	◆运行指标或线路有关结构及外观等与设计或规范的标准有一定差别，但在近期内对设备安全运行影响不大的缺陷	◆通常列入年、月度检修计划中安排进行消除
严重缺陷	◆指缺陷对线路运行有严重威胁，短期内线路尚可维持运行	◆应安排在短时间内消除，消除前须加强监视
危急缺陷	◆指缺陷已危及线路安全运行，随时可能导致线路事故发生	◆一经发现，立即抢修、消除

送电运营班组在线路运行维护中若发现线路缺陷，必须认真做好记录，及时汇报，并根据设备缺陷的严重程度进行分类和提出相应的处理意见，确保企业送电的安全运行。

4. 送电运行分析与故障统计

送电运行班组长应组织班组成员根据送电线路情况，采取定期分析、专题分析和设备异常分析等分析方法进行送电安全运营分析。组织召开送电安全运营分析会，必要时应邀请主管领导参加。会议的具体内容如图5—11所示。

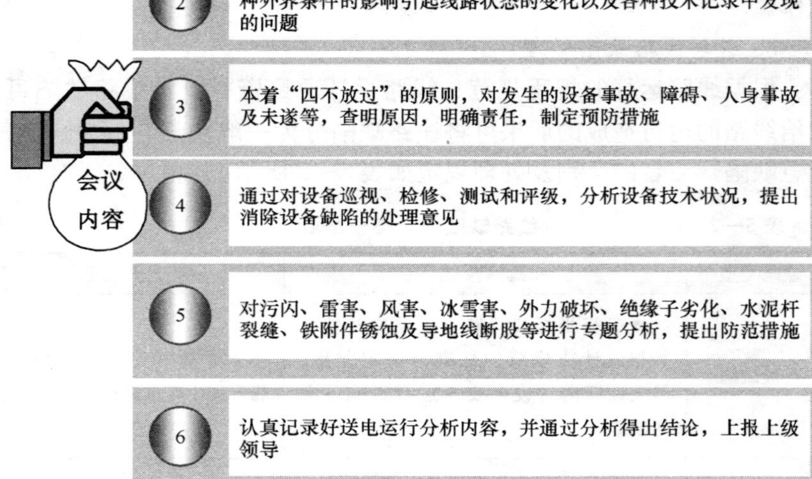

图 5—11　送电安全运营分析会会议内容

在组织召开送电安全运营分析会后，班组长应做好线路故障调查统计、掌握事故规律、积累运行经验，提高送电专业管理水平。

5.2　送电变电配电安全检修

5.2.1　变电安全检修知识

1. 变电安全检修原则

变电检修人员应严格执行企业的变电检修规章制度，严格按照变电设备检修计划执行检修工作，及时发现设备存在的安全隐患，并立即采取处理措施，确保企业变电的安全运营。

作为变电运营班组的负责人，班组长应协助变电检修人员对本组设备进行检修，并严格遵守变电安全检修原则，具体原则如图5—12所示。

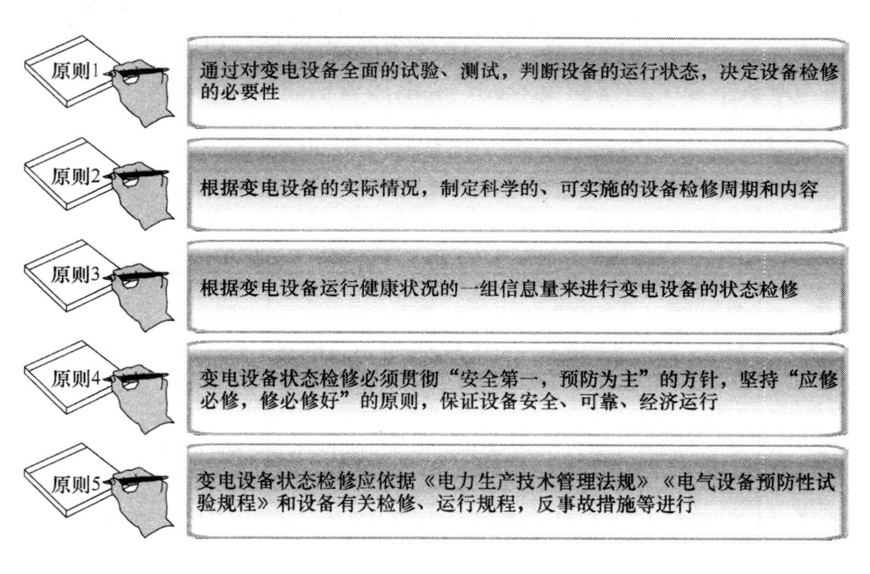

图5—12 变电安全检修原则

2. 变电安全检修计划

变电班组长应向企业变电检修人员提供变电设备的状态资料，包括数据、表格以及必要的说明等，对本班组设备作出初步状态评价，协助检修人员做好变电设备的检修计划，确保本班组变电设备的检修工作顺利进行。

（1）每年年底，班组长负责向企业设备管理部按规定的格式上报本班组变电设备的状态评价，评价内容应包括已到检修周期的设备、有缺陷的设备、情节严重的设备等。

（2）变电运营班组长协助设备管理部完成对设备状态的综合评

价，并进行确认。

（3）班组长协助设备管理部、变电设备检修人员提出设备检修意见，编制下年度本班组设备检修计划。

3. 变电设备状态检修规定

对变电设备进行状态检修主要是分析变电设备的运行状态，然后决定是否对其进行大修，变电设备的小修维护一般每年进行一次。作为本班组变电运营的负责人，变电运营班组长应了解变电设备状态检修的相关规定，规定的具体内容如图 5—13 所示。

1 变电设备状态检修的重要依据是高压试验监督、油色谱分析和红外热成像监督

2 对变电设备进行测试实验时，试验方法必须正确，试验数据必须准确，试验结论必须明确

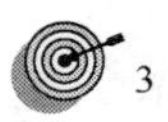
3 制定严密的设备缺陷管理制度并严格执行，设备的运行、检修形成闭环管理，并且设备缺陷的分析处理及跟踪措施要正确

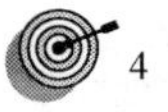
4 变电设备部件异常，不影响整体时，可只做部件检修或更换，而不进行大修

5 变电新投运设备要按有关规定进行全部项目检测、试验，严格把关，不留缺陷

6 设备状态检修要严格把控设备配件质量和检修工艺，做好设备检测、试验，保证修后设备状态良好，能正常运行

7 检修后，须对每台设备进行状态评价，并写状态评价书，并经审批后随设备台账一起保管

图 5—13 变电设备状态检修规定

4. 变电计划检修的准备工作

变电运营班组长应协助检修人员做好对本班组设备检修的准备工作，确保检修工作正常有效地进行。

（1）检修前需掌握的资料。班组长掌握本班组检修设备的相关资料，具体资料内容如图 5—14 所示。

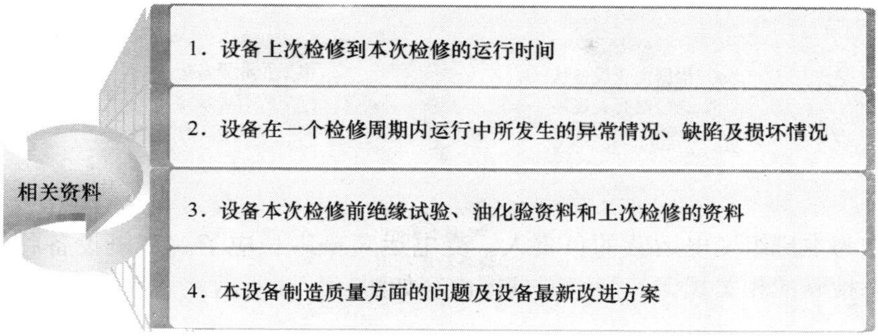

相关资料

1. 设备上次检修到本次检修的运行时间

2. 设备在一个检修周期内运行中所发生的异常情况、缺陷及损坏情况

3. 设备本次检修前绝缘试验、油化验资料和上次检修的资料

4. 本设备制造质量方面的问题及设备最新改进方案

图 5—14 变电设备检修前需掌握的相关资料

(2) 检修前应做的准备工作。在对本班组变电设备进行检修作业前，班组长应协助检修人员做好检修开工报告和施工计划任务书的编制工作，落实好检修应更换的配品配件、专用工具等，并针对本班组设备的缺陷，协助做好检修方案，落实好方案中相应的材料、器械等，同时根据检修人员的要求，做好设备检修的停电申请工作等。

5. 检修工作的执行

变电运营班组长必须配合检修小组负责人的检修现场管理工作，要求班组成员服从点检小组统一指挥，在检修工作中认真执行安全规程、检修规程和各种技术管理制度。

6. 检修工作的验收

检修工作结束后，变电运营班组长应组织相关人员对本班组变电设备的检修进行验收，若设备有较大缺陷或有非标准项目的检修内容以及大型设备的检修工作时，应由生产部、设备管理部等负责验收。

5.2.2 配电安全检修知识

1. 配电安全检修周期确定

配电运营班组长应依据以下三方面的资料来协助检修人员确定配电检修周期，具体依据内容如图 5—15 所示。

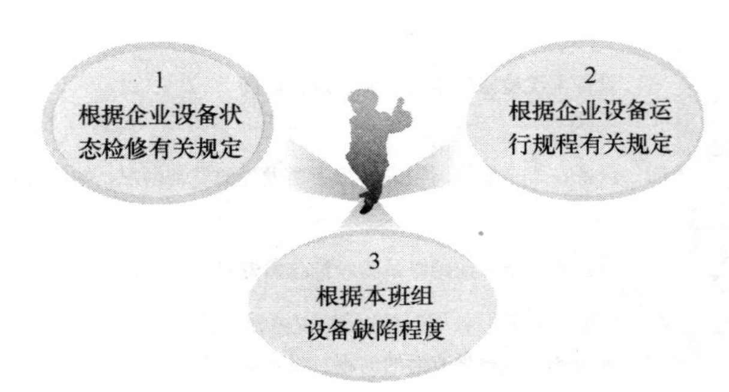

图 5—15　配电安全检修周期确定依据

2. 配电安全检修计划的编制

配电安全检修计划的编制要求如下。

（1）配电运营班组长应根据配电设备状态和检修周期的要求，协助检修人员统筹安排编制检修计划，计划内容应以消除设备缺陷、实施安全检修措施、反违规措施为重点。

（2）配电安全年度检修计划应报企业生产部审核，经主管副总审批后实施。

（3）配电运营班组长根据本班组年度检修计划，协助编制季度及月检修计划，确保符合本班组配电设备的实际情况，保证本班组配电的安全运营。

3. 配电安全检修注意事项

为确保本班组配电设备的安全检修，班组长应了解配电安全检修过程应注意的工作事项，保证检修人员及设备的安全，以防事故的发生，具体注意事项如图 5—16 所示。

4. 配电安全检修操作步骤

当需要全部停电检修时，检修人员应严格按照配电设备全部停电时的检修操作顺序开展检修作业，变电运营班组长要负责监督和配合。具体操作步骤如图 5—17 所示。

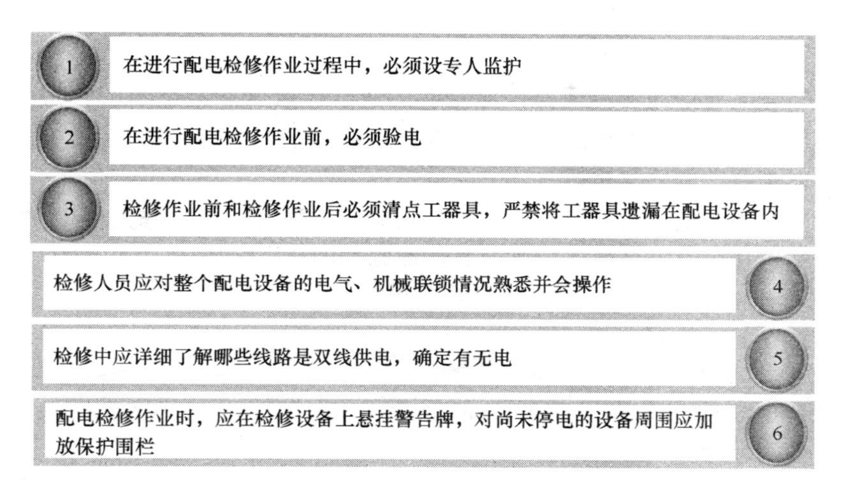

图 5—16 配电安全检修注意事项

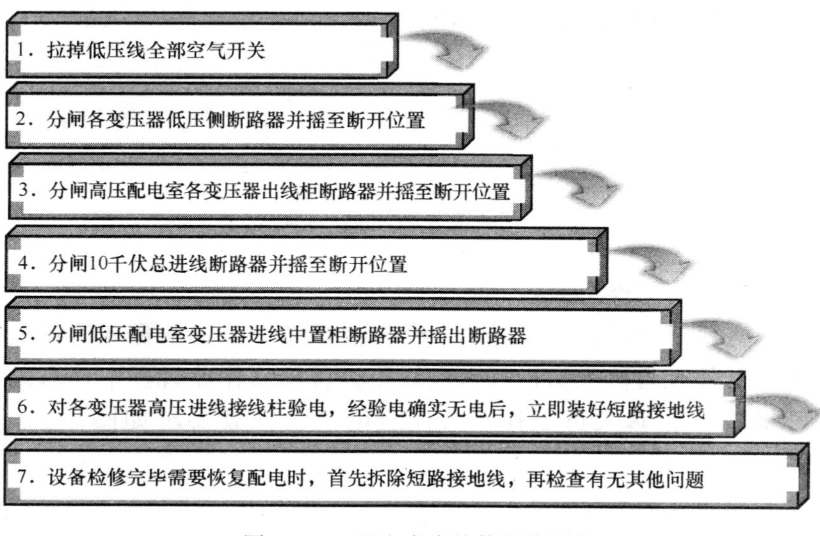

图 5—17 配电安全检修操作顺序

5.2.3 送电安全检修知识

1. 送电安全检修原则

送电检修人员应严格按照企业的送电检修规章制度执行，做到不放过任何一点安全隐患，对检查发现的问题，立即采取整改措施，确保企业送电的安全运营。

作为送电运营的负责人，班组长应积极配合送电检修人员工作，严格遵守送电安全检修原则，具体原则如图 5—18 所示。

图 5—18　送电安全检修的原则

2. 送电安全检修要求

送电运营班组长应了解送电安全检修施工及质量管理的相关要求，具体在检修人员进行送电线路设备检修作业过程中，监督并积极配合检修人员工作，具体送电安全检修要求如图 5—19 所示。

3. 送电安全检修计划

送电运营班组长应向检修人员提供送电线路设备的相关运行情况，积极配合检修人员做好送电安全检修计划。具体要求如下。

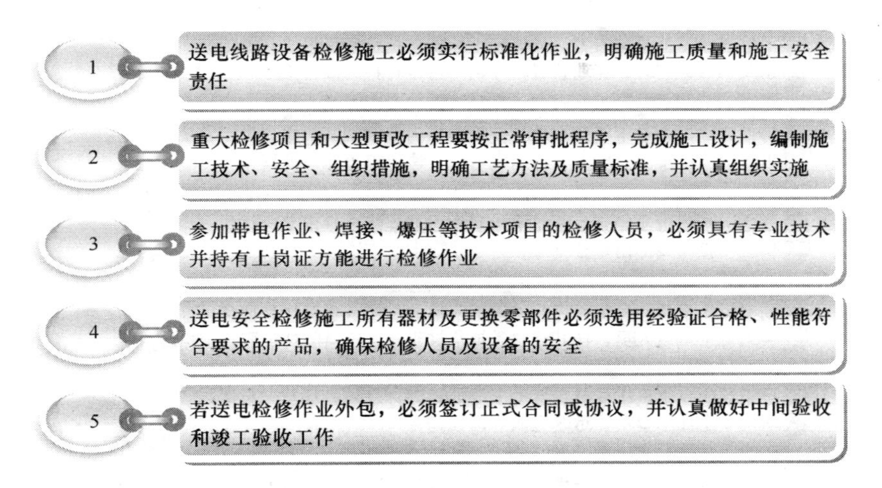

图 5—19　送电安全检修要求

（1）送电运营班组长应协助送电线路检修小组人员根据线路设备健康状况、巡视检修结果、设备检修周期和反事故措施的要求，制订下一年度线路设备的计划检修项目。

（2）在每年年底，送电运营班组长应根据本班组线路健康状况，协助检修人员编制下一年度的检修计划。

（3）送电运营班组长应根据本班组年度送电线路设备检修计划的内容和实际情况，协助检修人员编制月检修计划，并严格按计划执行。

4. 送电安全事故抢修

当送电检修人员在送电线路设备检修作业过程中发现需要抢修的线路设备事故时，送电运营班组长应了解事故的相关情况，配合检修人员、维修人员做好本班组的送电线路设备抢修管理工作。

具体来说，班组长在日常工作中需要做好事故抢修的相关准备工作，具体工作事项如图 5—20 所示。

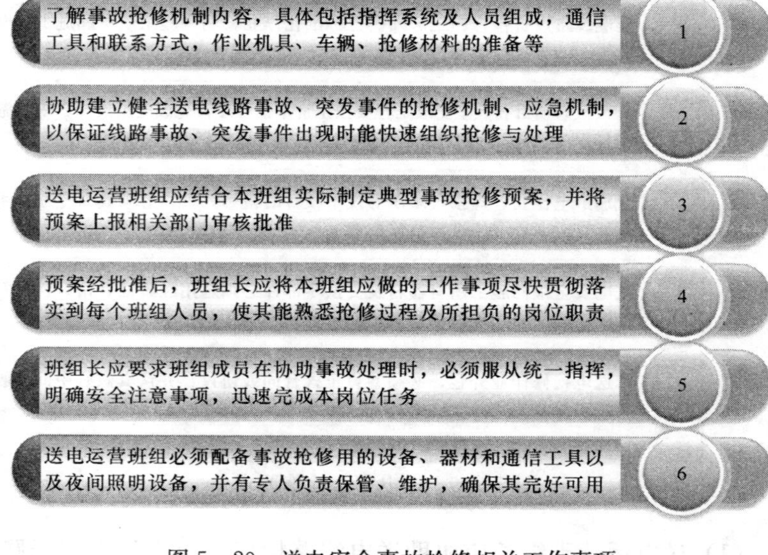

图 5—20　送电安全事故抢修相关工作事项

第6章　电力企业现场作业安全管理

6.1　电力企业现场作业

6.1.1　带电作业安全

1. 带电作业安全要求

带电作业是指在高压电设备上，在不停电的情况下进行检修、测试的一种作业方法。带电设备在长期的运行中需要经常测试、检查和维修。带电作业是避免检修停电，保证正常供电的有效措施。

带电作业安全的要求包括但不限于以下几点。

（1）确保最小安全距离：

1）在配电线路上采用绝缘杆作业法时，人体与带电体的最小安全距离不得小于0.4米，此距离不包括人体活动范围。

2）斗臂车的金属臂在仰起、回转运动中，与带电体之间的安全距离不得小于1米。

3）带电升起、下落、左右移动导线时，对与被跨物品的交叉、平行的最小距离不得小于1米。

（2）保证绝缘工具的最小有效长度：

1）绝缘操作杆最小有效绝缘长度不得小于0.7米。

2）起、吊、拉、支撑作用的杆、绳的最小有效长度不得小于0.4米。

（3）安全防护用具的使用：

1）绝缘手套内外表面应无针孔、裂纹、砂眼。

2）绝缘服、袖套、披肩、绝缘手套、绝缘靴在20千伏工频电压下应无击穿、无闪络以及无发热的情况。

3）各种专用屏蔽罩、绝缘毯、隔板在 30 千伏的工频电压下应无击穿、无闪络以及无发热情况。

2. 带电作业的注意事项

各班组成员在带电作业时，应注意 6 方面事项，具体如图 6—1 所示。

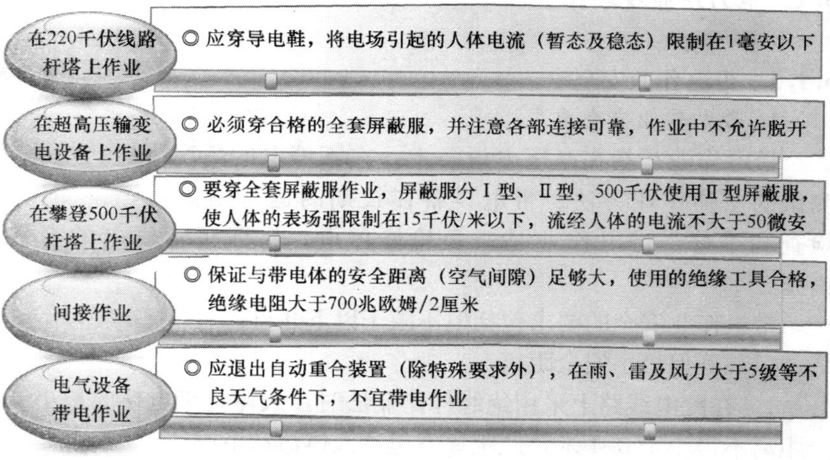

在220千伏线路杆塔上作业
◎ 应穿导电鞋，将电场引起的人体电流（暂态及稳态）限制在1毫安以下

在超高压输变电设备上作业
◎ 必须穿合格的全套屏蔽服，并注意各部连接可靠，作业中不允许脱开

在攀登500千伏杆塔上作业
◎ 要穿全套屏蔽服作业，屏蔽服分Ⅰ型、Ⅱ型，500千伏使用Ⅱ型屏蔽服，使人体的表场强限制在15千伏/米以下，流经人体的电流不大于50微安

间接作业
◎ 保证与带电体的安全距离（空气间隙）足够大，使用的绝缘工具合格，绝缘电阻大于700兆欧姆/2厘米

电气设备带电作业
◎ 应退出自动重合装置（除特殊要求外），在雨、雷及风力大于5级等不良天气条件下，不宜带电作业

图 6—1　带电作业的注意事项

6.1.2　高处作业安全

1. 高处作业的种类

高处作业是指人在一定位置为基准的高处进行的作业。国家标准 GB 3608—2008《高处作业分级》规定：“凡在坠落高度基准面 2 米以上（含 2 米）有可能坠落的高处进行作业，都称为高处作业。”

高处作业的种类分为一般高处作业和特殊高处作业两种，具体划分说明如表 6—1 所示。

表 6—1　　高处作业的种类

高处作业的种类划分		具体说明
高处作业	一般高处作业	◇指除特殊高处作业以外的高处作业
	特殊高处作业	◇在阵风风力六级（风速 10.8 米/秒）以上的情况下进行的高处作业，称为强风高处作业
		◇在高温或低温环境下进行的高处作业，称为异温高处作业
		◇降雪时进行的高处作业，称为雪天高处作业
		◇降雨时进行的高处作业，称为雨天高处作业
		◇室外完全采用人工照明时进行的高处作业，称为夜间高处作业
		◇在接近或接触带电体条件下进行的高处作业，统称为带电高处作业
		◇在无立足点或无牢靠立足点的条件下进行的高处作业，统称为悬空高处作业
		◇对突然发生的各种灾害事故，进行抢救的高处作业，称为抢救高处作业

2. 高处作业的级别

高处作业的级别划分，如图 6—2 所示。

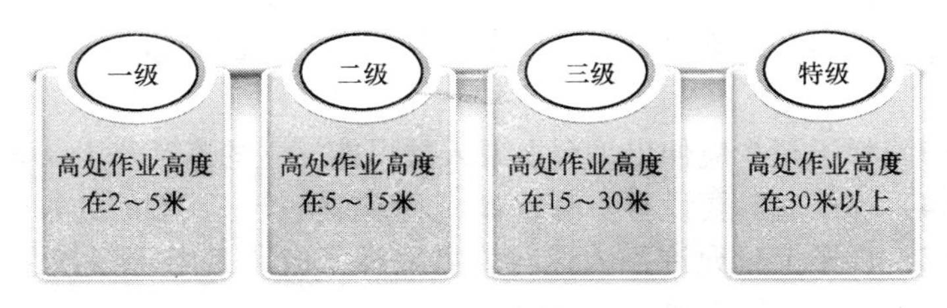

图 6—2　高处作业的级别划分

3. 高处作业的安全要求

高处作业的安全要求，如图 6—3 所示。

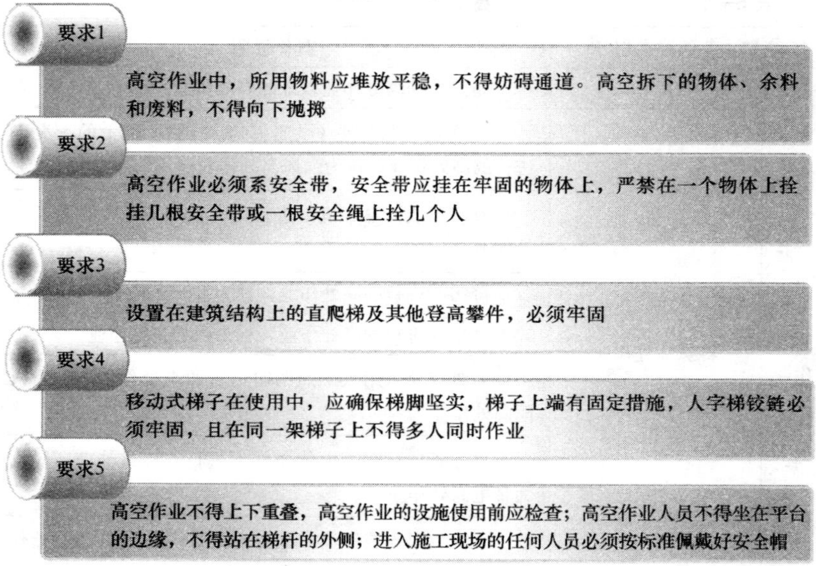

要求1

高空作业中，所用物料应堆放平稳，不得妨碍通道。高空拆下的物体、余料和废料，不得向下抛掷

要求2

高空作业必须系安全带，安全带应挂在牢固的物体上，严禁在一个物体上拴挂几根安全带或一根安全绳上拴几个人

要求3

设置在建筑结构上的直爬梯及其他登高攀件，必须牢固

要求4

移动式梯子在使用中，应确保梯脚坚实，梯子上端有固定措施，人字梯铰链必须牢固，且在同一架梯子上不得多人同时作业

要求5

高空作业不得上下重叠，高空作业的设施使用前应检查；高空作业人员不得坐在平台的边缘，不得站在梯杆的外侧；进入施工现场的任何人员必须按标准佩戴好安全帽

图 6—3　高处作业的安全要求

4. 正确使用梯子的方法

正确选择和使用梯子，对高处作业人员具有保护作用。具体要求如下。

（1）梯子要坚固，并满足高处作业的高度要求。

（2）踏步步距在 30～40 厘米，梯子与地面的角度应保持 60～70 度。

（3）梯子至少应伸出平台上或人员可能站立的高踏步上 1 米。

（4）梯子底脚要设有防滑装置，人字梯应拴好下端的挂索。

（5）梯子上只允许一人通行，攀登梯子时，手中不得携带工具或物件，登梯前鞋底要清理干净

6.1.3　起重作业安全

1. 起重作业安全生产规定

起重作业，是指所有利用起重机械或起重工具移动重物的操作

活动。除了利用起重机械搬运重物以外，使用起重工具，如千斤顶、滑轮、手拉葫芦、自制吊架、各种绳索等，垂直升降或水平移动重物，均属于起重作业范畴。

为了确保起重运输生产过程的安全，起重人员应遵守10项安全规定，如图6—4所示。

起重人员应经过专业培训，并经考试合格持有“特种作业证”，方能参加起重操作

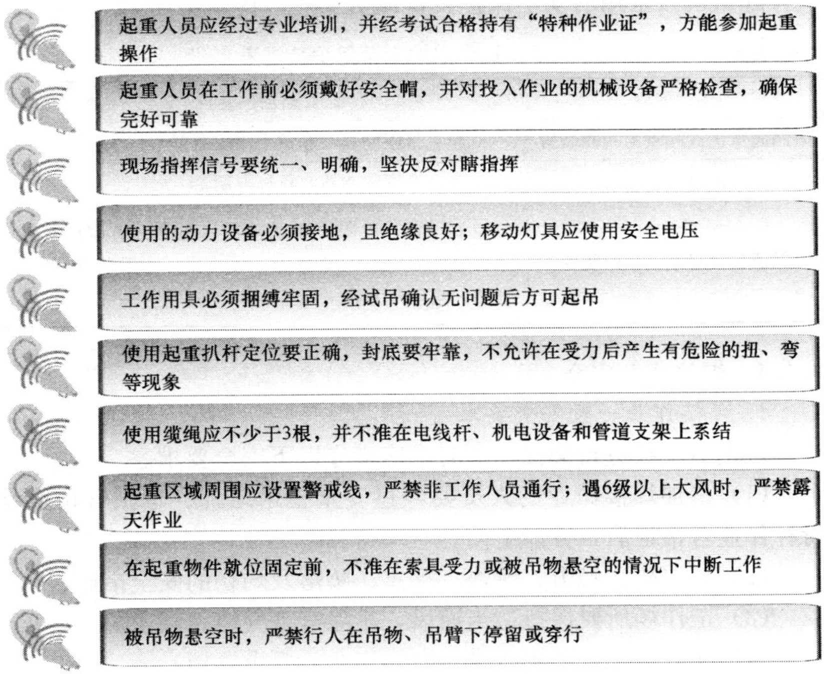

起重人员在工作前必须戴好安全帽，并对投入作业的机械设备严格检查，确保完好可靠

现场指挥信号要统一、明确，坚决反对瞎指挥

使用的动力设备必须接地，且绝缘良好；移动灯具应使用安全电压

工作用具必须捆缚牢固，经试吊确认无问题后方可起吊

使用起重扒杆定位要正确，封底要牢靠，不允许在受力后产生有危险的扭、弯等现象

使用缆绳应不少于3根，并不准在电线杆、机电设备和管道支架上系结

起重区域周围应设置警戒线，严禁非工作人员通行；遇6级以上大风时，严禁露天作业

在起重物件就位固定前，不准在索具受力或被吊物悬空的情况下中断工作

被吊物悬空时，严禁行人在吊物、吊臂下停留或穿行

图6—4　起重作业安全生产规定

2. 使用吊钩的注意事项

使用吊钩时，应注意如下事项。

（1）吊钩、吊环表面应该光滑，根据载物的重量，在使用1～3年后，要进行一次检查。

（2）当发现吊钩危险断面上磨损程度超过10%时，应降低载荷使用。

（3）吊钩的负荷试验：起吊额定起重量125%的重物，悬挂10分钟，在卸载后测量钩口，如果有永久变形和裂纹，则应更新或降低负荷使用。

3. 起重机械常用的安全保护

起重机械常用的安全保护装置包括三种，具体如表6—2所示。

表6—2　起重机械常用的安全保护装置表

保护内容	安全保护装置
限制起重量或起重力矩的装置	◇起重量限制器、起重力矩限制器
限制工作范围界限的装置	◇起升高度限制器、行程限制器
保证正常起重工作的装置	◇制动器、极限力矩联轴器、起重机防碰撞装置、运行偏斜指示与调整装置、缓冲器、防滑装置、安全开关、紧急开关等

6.1.4　焊接作业安全

1. 焊接作业一般安全要求

班组员工在进行焊接作业时，应遵守以下安全要求。

（1）参加焊接作业的人员要经过安全技术培训、考试合格取得特种作业合格证后，方能上岗。

（2）采取防止触电、爆炸、火灾、坠落及灼伤的安全措施。

（3）工作场所要保持适当通风，排除有害气体及烟尘。

（4）在人员密集的场所进行电焊作业，要设置挡光屏。

（5）在工作开始前检查焊接工作区域，要确认在5米范围内及其下方不会因火花飞溅接触到易燃物品。如不能保证时，必须设监护人。

（6）确保焊接工作区域附近在紧急情况下能拿到适当的灭火器。如不能保证时，要向班组长提出，并使问题得到解决。

（7）工作结束后，必须切断电源或关闭气阀，并清理现场，检查工作场所周围，确认无起火危险后方可离开。

2. 电焊作业要求

在进行电焊作业时，应遵守三项作业要求，具体如图 6—5 所示。

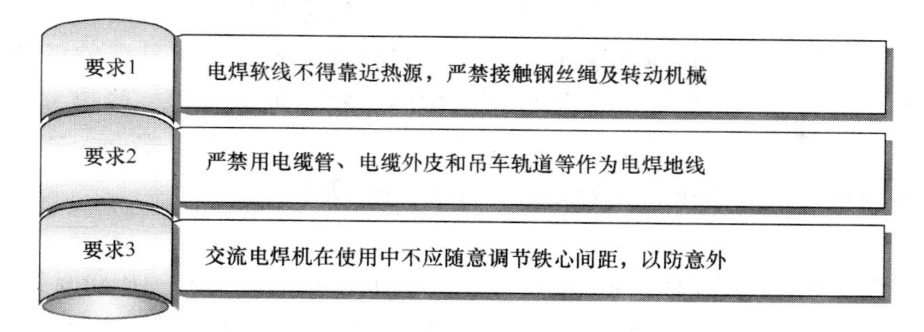

图 6—5　电焊作业要求

3. 气焊与切割要求

作业人员在进行气焊与切割时，应遵守八项基本要求，具体如图 6—6 所示。

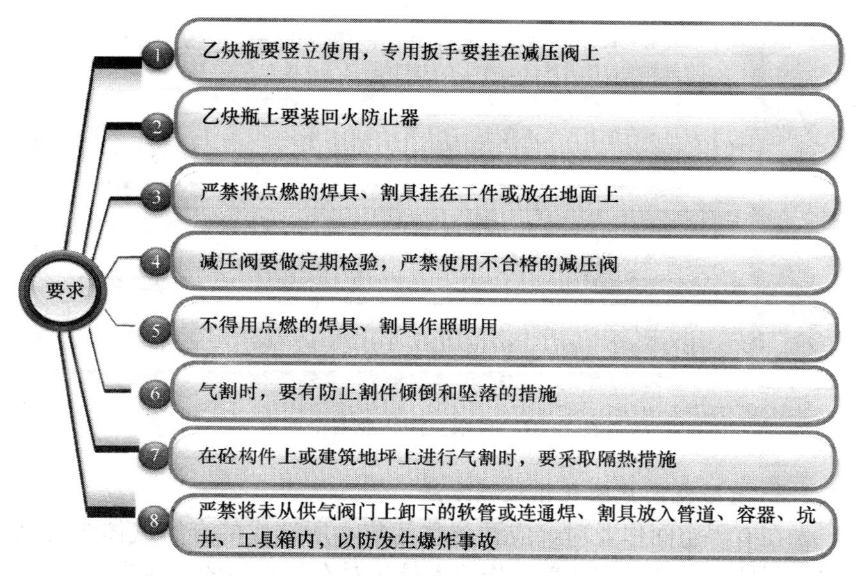

图 6—6　气焊与切割要求

6.1.5 有限空间作业安全

1. 有限空间作业安全要求

有限空间是指在密闭或半密闭，进出口较为狭窄，未被设计为固定工作场所，自然通风不良，易造成有毒有害、易燃易爆物质积聚或氧含量不足的空间。例如深基坑的肥槽、地下工程、隧道、管道、容器等。班组成员在有限空间作业时，应注意作业安全，遵守规章规定，具体作业安全要求，如图6—7所示。

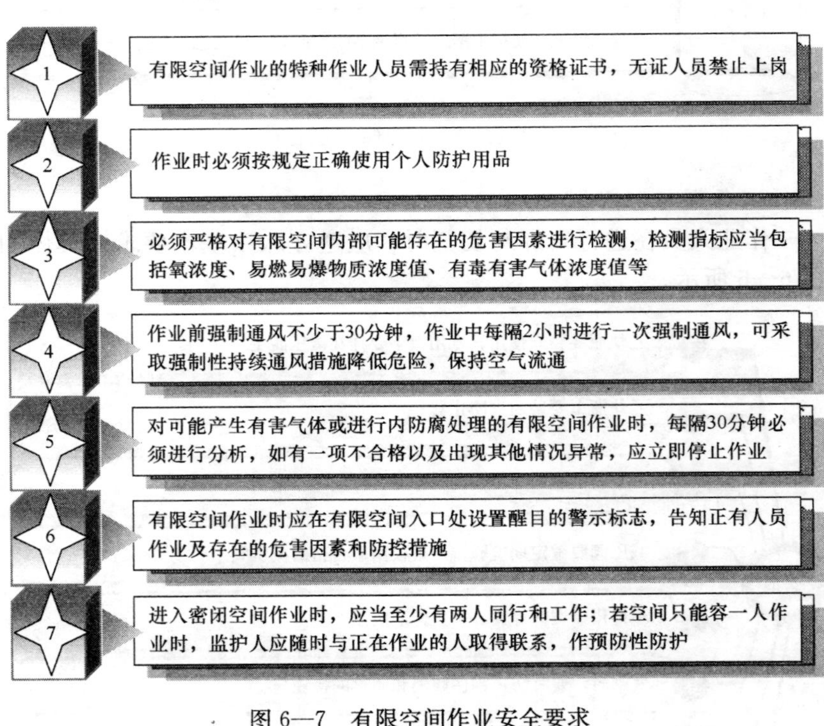

图6—7 有限空间作业安全要求

2. 有限空间危险气体检测方法

在有限空间作业时，应预防空间狭小所造成的有害气体中毒情况。因此，在进行作业前，作业人员应对有限空间的气体进行检测，具体做法如下。

（1）采用空气收集器选定有代表性的、空气中有害物质浓度最高的工作地点作为重点采样点。

（2）将空气收集器的进气口尽量安装在劳动者工作时的呼吸带。

（3）在空气中有害物质不同浓度的时段分别进行采样，并记录每个时段劳动者的工作时间，每次采样时间一般间隔 15 分钟。

（4）计算空气中有害物质 8 小时时间加权平均浓度。未经检测或检测不合格的，严禁作业人员进入有限空间进行施工作业。

6.1.6 现场防火安全

1. 现场作业一般消防要求

在现场作业的班组成员要学习和掌握防火及消防工作的基本知识，遵守现场防火安全工作的有关规程。现场作业的一般消防要求如下。

（1）在施工现场、办公室、宿舍、仓库以及车间等区域必须设置足够的消防设施和消防器材。

（2）不得在办公室、工具间、休息室、一般仓库以及宿舍等房屋内存放易燃易爆物品。

（3）油罐区、制氢区、乙炔站以及制氧站等一级动火区域 10 米范围内严禁动用明火。确实需要动用明火时，必须办理动火工作票。

（4）凡张贴有“严禁烟火”的场所，作业人员应自觉遵守，不要存在任何侥幸心理。

（5）现场和厂房内禁止生火取暖。确定必须生火时，应办理“生火证”。

（6）用汽油清洗机件容易引火烧身，因此必须禁止。

（7）不得将挥发性的易燃液体装在敞口容器里，易燃易爆及危险化学品要按有关规定分类储存。储存易燃易爆液体或气体的仓库保管人员禁穿丝绸、合成纤维类容易产生静电的服装。

(8) 易燃的废液要倒在一个经批准的、挂有标识的容器内，以便集中处理。

(9) 凡是油渍的抹布要放进一个封闭的金属容器内，以便集中处理。在建筑物内作业，只准在容器内存放一天工作量所需的可燃物质（如油漆等)。

(10) 进行沥青冷底子油作业时通风必须良好，作业及作业完毕后 24 小时内周围 30 米范围内禁止明火。若是室内作业，照明必须符合防爆要求。

2. 现场作业消防知识

在现场作业的班组成员，应掌握一定的消防知识，具体如下。

(1) 倘若发生火情，作业人员应在实施扑救的同时，按照作业现场张贴的消防紧急联络方法进行报警，直到援助人员到达。

(2) 若作业人员的衣服被大火烧着，应抓紧时间将衣服脱掉或撕碎扔掉。如来不及脱掉，应卧地打滚，将火压灭。如现场还有其他作业人员可向其身上浇水，帮助把衣服脱掉，但不可用灭火器朝着火者身上喷射，那样会引起烧伤的创口感染。

(3) 作业人员如在着火楼房被困，应想尽一切办法向下逃生。

(4) 发生火灾时，烟气的流动速度远远快于火的蔓延，现场作业人员应特别注意防止烟气中毒窒息。

(5) 现场作业人员应通过日常的防火知识教育、防火情况培训及演练掌握灭火器材的适用范围和正确使用方法。

6.2 电力企业安全标志与防护

6.2.1 安全标志

1. 安全色

安全色，是指用颜色传达安全信息。国家标准《安全色》规定的用于表示安全信息的颜色有四种：红色、黄色、蓝色、绿色。此外，还规定了黑白两种颜色为对比色，在表示安全信息时与安全色搭配使用，如表6—3所示。

表6—3　　安全色含义及用途

安全色	对比色	含义	用途举例
红色	白色	禁止、停止、危险、消防	各种禁止标志，交通禁令标志，消防设备标志，机械的停止按钮、刹车及停车的操作手柄，接线设备转动部件的裸露部位，仪表刻度盘极限位置刻度，各种危险信号旗等
黄色	黑色	警告、注意	各种警告标志，道路交通标志和标线中指示标志
蓝色	白色	指令、必须遵守	各种指令标志，道路交通标志和标线中指示标志
绿色	白色	安全	各种提示标志，机器启动按钮，安全信号旗，急救站，疏散通道、避险处、应急避难场所等

安全色的应用必须是以标志安全为目的，如不是以标志安全为目的，即使使用了红、黄、蓝、绿四种颜色，也不能叫安全色。例如，气瓶容器、管道等涂上各种颜色，目的是用于区分气瓶或容器中装有不同介质而不是向人们表示禁止、警告或安全的含义。

2. 对比色

对比色，是指为了使安全色更加醒目而采用的反衬色。对比色的作用是提高物体颜色的对比度。黑色对比色主要用于安全标志的文字、图形符号和警告标志的几何边框；白色对比色用于安全标志红、蓝、绿色的背景色，也可用于安全标志的文字和图形符号。

3. 安全标记

安全标记，是指采用安全色和（或）安全对比色传递安全信息或使某个对象或地点变得醒目的标记。

安全标记通常由安全色与其对应的对比色构成的斜条纹线，如图6—8所示。

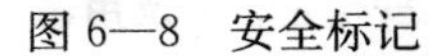

图 6—8　安全标记

安全标记的使用方法如下。

（1）指示危险位置的安全标记的颜色为黄色与对比色黑色的组合。

（2）指示禁止或消防设备位置的安全标记的颜色应是红色和对比色白色的组合。

（3）指示指令的安全标记的颜色应是蓝色与对比色白色的组合。

（4）指示安全环境的安全标记的颜色应为绿色与对比色白色的组合。

4. 安全标志

安全标志，是指由安全色、几何图形、图形符号构成，有时还会附以文字说明，用以表达特定的安全信息。安全标志可分为禁止、警告、指令和提示四类。

（1）禁止标志。禁止标志是表示不准或制止人们的某些行动与行为的标志。禁止标志的几何图形是带斜杠的圆环。其中，圆环与斜杠相连，用红色；图形符号用黑色，背景用白色。

与电力相关的常用安全标志有：禁止启动、禁止合闸、禁止触摸、禁止攀登、禁止靠近，禁止入内等。具体如图 6—9 所示。

图 6—9　与电力有关的常用禁止标志

（2）警告标志。警告标志是警告人们可能发生的危险的标志。警告标志的几何图形是黑色的正三角形、黑色符号和黄色背景，具体如图 6—10 所示。

图 6—10　警告标志

与电力相关的常用警告标志有：注意安全、当心触电、当心爆炸、当心火灾、当心腐蚀、当心中毒、当心机械伤人、当心伤手、当心吊物、当心扎脚、当心落物、当心坠落、当心车辆、当心弧光、当心冒顶、当心瓦斯、当心塌方、当心坑洞、当心电离辐射、当心裂变物质、当心激光、当心微波，当心滑跌。

（3）命令标志。命令标志是指必须遵守的标志。命令标志的几何图形是圆形，蓝色背景，白色图形符号，具体如图 6—11 所示。

图 6—11　命令标志

与电力相关的常用警告标志有：必须戴防护眼镜、必须戴防毒面具、必须戴安全帽、必须穿防护鞋、必须系安全带、必须戴防护耳器、必须戴防护手套，必须穿防护衣服。

（4）提示标志。提示标志是指示意目标的方向的标志。提示标志的几何图形是方形，绿色背景，白色图形符号及文字，如图 6—12 所示。常见的提示标志有：紧急出口、避险处、可动火区等。

紧急出口　　避险处

可动火区

图 6—12　提示标志

（5）辅助安全标志。辅助安全标志，是为一个标志提供补充说明，起辅助作用的标志。辅助标志的背景颜色可以为安全色或白色，文字或图形的颜色是相应安全色的对比色。当辅助标志的背景颜色为黄色时，文字或图形颜色为黑色，当背景色为红、蓝、绿色时，图形文字颜色为白色，当背景色为白色时，文字或图形颜色为黑色。

辅助标志一般与安全标志放在同一矩形载体上，形成组合安全标志，如图 6—13 所示。在组合标志中，辅助标志根据具体情况可以放在安全标志的左侧、右侧或下侧。

图 6—13　组合安全标志

5. 安全标志的固定

安全标志牌的固定方式分附着式、悬挂式和柱式三种。悬挂式和附着式的固定应稳固不倾斜，柱式的标志牌和支架应牢固地连接在一起。在固定安全标志时，应注意四点，具体如图 6—14 所示。

6.2.2　安全防护用品

1. 安全防护用品的分类

安全防护用品的品种很多，由于使用班组对安全防护用品的要求不同，分类方法也各不相同。通常按生产许可和人体防护部位这

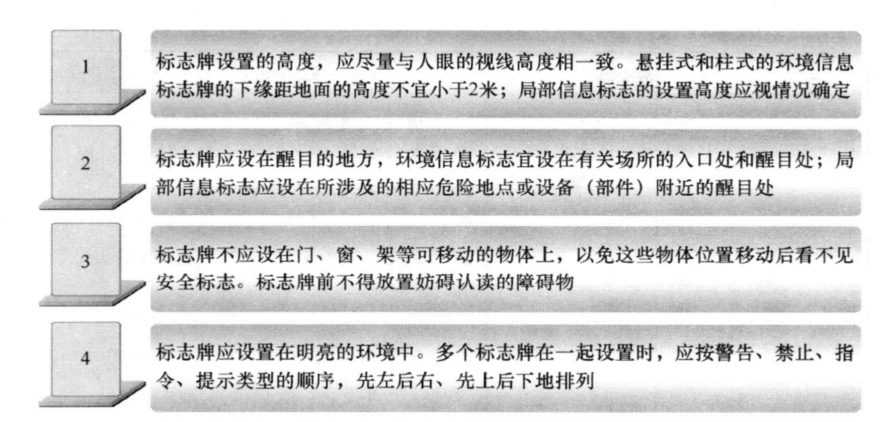

图 6—14　安全标志的固定

两种分类方式进行分类，具体如表 6—4 所示。

表 6—4　　　　安全防护用品的分类

分类方式		具体说明	
按生产许可分类	一般劳动防护用品	◆指目前未纳入工业生产许可证的范围和不实行安全标志管理的劳动防护用品的总称	
	特种劳动防护用品	头部护具类	◆安全帽
		呼吸护具类	◆防尘口罩、过滤式防毒面具、自给式空气呼吸器、长管面具
		眼（面）护具类	◆焊接眼（面）防护具、防冲击眼护具
		防护服类	◆阻燃防护服、防酸工作服、防静电服
		防护鞋类	◆保护足趾安全鞋、防静电鞋、导电鞋、防刺穿鞋、胶面防砸安全靴、电绝缘鞋、耐酸碱皮鞋、耐酸碱胶靴、耐酸碱塑料压靴
		防坠落护具类	◆安全带、安全网、密目式安全立网

续表

分类方式	具体说明	
按人体防护部位分类	头部防护用品	◆指为防御头部不受外来物体打击和其他因素危害而配备的个人防护装备。根据防护功能要求，主要有一般防护帽、防尘帽、防水帽、防寒帽、安全帽、防静电帽、防高温帽、防电磁辐射帽、防昆虫帽9类产品
	呼吸器官防护用品	◆指为防御有害气体、蒸气、粉尘、烟、雾经呼吸道吸入，或直接向使用者供氧或清净空气，保证尘、毒污染或缺氧环境中作业人员正常呼吸的防护用具。常用的有防尘口罩和防毒口罩（面具）两类
	眼（面）部防护用品	◆指为预防烟雾、尘粒、金属火花和飞屑、热、电磁辐射、激光、化学飞溅物等因素伤害眼睛或面部的个人防护用品 ◆目前，我国普遍生产和使用的主要有焊接护目镜和面罩、炉窑护目镜和面罩以及防冲击眼护具3类
	听觉器官防护用品	◆指能防止过量的声能浸入外耳道，使人耳避免噪声的过度刺激，减少听力损失，预防噪声对人身引起不良影响的个体防护用品
	手部防护用品	◆通常称为“劳动防护手套”，指具有保护手和手臂功能的个体防护用品
	足部防护用品	◆通常称为“劳动防护鞋”，指防止生产过程中有害物质和能量损伤劳动者足部的护具

续表

分类方式	具体说明	
按人体防护部位分类	躯干防护用品	◆根据防护功能，防护服分为一般防护服、防水服、防寒服、防砸背心、防毒服、阻燃服、防静电服、防高温服、防电磁辐射服、耐酸碱服、防油服、水上救生衣、防昆虫服、防风沙服14类，每一类又可根据具体防护要求或材料分为不同种类
	护肤用品	◆护肤品用于防止皮肤免受化学、物理等因素危害的个体防护用品；按照防护功能分为防毒、防腐、防射线、防油漆及其他类
	防坠落用品	◆防坠落用品是防止人体从高处坠落的整体及个体防护用品 ◆个体防护用品是通过绳带将高处作业者的身体系接于固定物体上 ◆整体防护用品是在作业场所的边沿下方张网，以防不慎坠落，主要有安全网和安全带两种

2. 安全防护用品的配发

（1）安全防护用品配发依据。劳动防护用品的选用与配发依据为《个体防护装备选用规范》（GB/T 11651—2008）。

（2）安全防护用品配发标准。安全防护用品配发标准，如表6—5所示。

表6—5　　安全防护用品配发标准表

典型工种＼名称	工作服	工作帽	工作鞋	劳防手套	防寒服	雨衣	胶鞋	眼护具	防尘口罩	防毒护具	安全帽	安全带	护听器
电工	√	√	fz，jy	jy	√	√					√		
电焊工	zr	zr	fz	√	√			hj			√		
仪器调修工	√	√	fz	√									

续表

名称 典型工种	工作服	工作帽	工作鞋	劳防手套	防寒服	雨衣	胶鞋	眼护具	防尘口罩	防毒护具	安全帽	安全带	护听器
热力运行工	zr	√	fz								√		
电系操工	√	√	fzjy	jy	√	√	jfjy				√	√	
安装起重工	√	√	fz	√	√	√	jf				√	√	
机车司机	√	√	√	√	√	√		√					
中小型机械操作工	√	√	fz	√	√	√	jf		√		√		

说明：表中“√”表示该种劳动防护用品必须配备；字母表示该种类必须配备的劳动防护用品应具有的防护性能，具体如下：fz—防砸［(1～5) 级］；jy—绝缘；zr—阻燃耐高温；hj—焊接护目；jf—胶面防砸。

凡从事多种作业劳动环境中的作业人员，应按其主要作业的工种和劳动环境配备劳动防护用品。如果配备的劳动防护用品在从事其他工种作业时或在其他劳动环境中确实不能适用的，应另配或借用所需的其他劳动防护用品。

3. 安全防护用品的管理

安全防护用品的日常管理，主要包括劳保防护用品的质量、使用、报废及更换，具体如图 6—15 所示。

质量管理：劳保防护用品必须具有“三证”，即生产许可证、产品合格证和安全鉴定证。为保证劳动防护用品质量，购买的劳动防护用品须经单位的安全技术部门验收

使用管理：班组长应教育并指导员工正确使用安全防护用品。做到“三会”：会检查安全防护用品的可靠性，会正确使用安全防护用品，会正确维护保养防护用品

报废及更换：应按照产品说明书的要求，及时更换、报废过期和失效的防护用品

图 6—15　安全防护用品管理

6.3　电力企业违章作业管理

6.3.1　违章作业

1. 违章作业的概念

违章作业，是指违反相关规定、章程、政府法令和国家法律法规的异常工作状态。具体指员工在劳动过程中违反劳动安全法规、标准、规章制度或操作规程，盲目蛮干、冒险作业的行为。

按违章行为主体的不同，违章作业可分为管理性违章、习惯性违章两大类；其中，习惯性违章又分为作业性违章、装置性违章、指挥性违章。

2. 违章作业的特点

违章作业是一种违反安全生产客观规律的盲目行为。其特点主要包括三个方面。

（1）顽固性。习惯性违章是一种受心理支配的行为，具有顽固性特点。如进入现场必须戴好安全帽并系紧下颌带，但实际上还是有部分员工有章不循，进入施工现场不正确地佩戴安全帽。

例如，某化工厂一名员工在查找管线的漏点时因为没有系安全帽的下颌带而使安全帽掉落下来，头部失去保护而被附近管线铁皮刮伤，缝了十几针。

事实证明，要改变或消除受心理支配的不良习惯并非易事，需要经过长期的努力。

（2）继承性。有些员工的习惯性违章行为并非通过个人自身形成的，而是从其他人身上学来的。当他们看到一些老员工违章作业，既省力又没有出现事故，也跟着盲目效仿。这样就把不良的违章作业习惯传给了新员工，从而导致某些违章作业的不良习惯一直延续至今。

（3）排他性。具有习惯性违章的员工固守不良的做法，认为自己的习惯性工作方式“管用”且“省力”，而不愿意接受新的工艺和操作方式，即使是被动参加过培训，也还是“旧习不改”。

6.3.2 反作业性违章

1. 作业性违章的概念

作业性违章，是指员工在工作中的行为违反规章制度或其他有关规定，例如，进入生产场所不戴或未戴好安全帽；操作前不认真核对设备的名称、编号和应处的位置，操作后不仔细检查设备状态、仪表指示；未得到工作负责人许可工作的命令就擅自工作。

2. 作业性违章的表现形式

作业性违章常见于电力施工基建和检修维护中，作业性违章是一种极其不安全的工作行为，表现形式如下。

（1）许可外来施工单位未实行“双签发”的工作票。

（2）跨越安全围栏或超越安全警戒线。

（3）未按规定使用二次设备及回路工作安全技术措施单。

（4）未按规定编制施工方案或施工方案未经审批就进行施工。

（5）线路登杆不核对名称、杆号、色标。

（6）杆塔上有人作业时，调整杆塔的拉线。

（7）执行有漏项、操作秩序颠倒的操作票、调度指令票。执行未经审核的操作票、调度指令票。

（8）工作、值班期间饮酒，且在酒后登高作业。

（9）现场无施工图纸和方案凭记忆在二次回路上工作。

3. 反作业性违章的措施

正确认识作业性违章、遵守企业的规章制度、营造良好的安全氛围、健全完善的教育培训机制，从小事抓起，方能防患于未然。反作业性违章的具体措施如下。

（1）增强教育培训。作业性违章是员工在工作、生活、学习过程中逐渐形成的。因此，要使作业人员有良好的习惯，应遵循“教育是根，文化是本”的原则，加强对员工的安全教育。

（2）从小事抓起。良好的作业习惯多表现在日常生活、工作的各种细节小事上。例如：员工做事认真的习惯，体现在他做事有条不紊、不丢三落四，工具箱中各类工器具整洁并归类合理有序、观察细致、有做工作日记的习惯等。因此，相关人员制定作业规范时应细致入微，从小事上养成员工良好的作业习惯。

（3）营造良好的企业文化环境。企业文化体现在企业员工、特别是企业各级管理者的价值趋向、道德品质、情感志趣、工作方式乃至生活方式中，对员工作业习惯的影响是全方位的。因此，电力企业管理人员应致力于营造良好的企业安全文化环境，使作业人员因从众心理，而规避作业性违章的出现。

（4）严格执行规章制度。要培养员工的良好作业习惯，制止和消除不良行为，各级安全生产管理者还必须适当地运用表扬与批评、肯定与否定、奖励与处罚等强化手段。

对员工因良好作业习惯避免、缩小、正确处理事故和完成工作任务的，要适时地、诚心诚意地予以表扬、肯定和奖励，对不良作业习惯要及时对其主观因素进行认真追查分析，并根据情节轻重和造成危害的程度给予批评、否定和按规定处罚。

（5）注意实践和行为指导。良好作业习惯，不仅是知识的传授，而且要躬行实践。只有不断地将要求、标准转化为个人的需要、准则，并用来支配自己的作业行为，才能养成良好的作业习惯。

（6）舆论宣传。要注意和发挥舆论工具的作用，针对实际并具体地进行良好作业习惯宣传。利用各种宣传工具、方法，大力宣传遵守作业要求的必要性和重要性、违章违纪和不负责任的危害性。

6.3.3 反装置性违章

1. 装置性违章的概念

装置性违章，是指工作现场的环境、设备、设施及工器具不符合国家、行业、企业有关规定及安全事故措施和保证人身安全的各项规定及技术措施的要求，不能保证人身和设备安全的一切不安全状态。

2. 装置性违章的表现形式

(1) 配电盘、电源箱、非防雨型临时开关箱等配电设施无可靠的防雨设施。

(2) 电焊机、卷扬机等小型施工机械无可靠防雨设施。

(3) 在电缆沟、隧道、夹层、钢烟道内工作不使用安全电压灯照明或安全电压灯的电压超过 36 伏。

(4) 在金属容器内、管道内、潮湿的地方使用的安全电压灯的电压大于 12 伏。

(5) 使用 220 伏及以上的电源作为照明电源，无可靠安全措施

(6) 在金属容器内施焊时，容器外未设专人监护。

(7) 焊把或电焊机二次线绝缘不良，有破损。

(8) 电焊机外壳无接地保护。

(9) 施工区域电焊机电源线不集中布置，走向混乱，过通道无保护措施。

(10) 现场低压配电开关护盖不全，导电部分裸露。

3. 反装置性违章的措施

造成装置性违章的根本原因是“人”的问题，是员工的思想素质和技术素质问题。因此，根据装置性违章的表现，可以总结以下有效的防范措施，不断提高电力企业安全运行水平。

(1) 要把加强全体员工的思想素质放在首位，增强他们的事业心、责任感，提倡敬业精神，使他们时刻都想到员工的利益，企业的利益，克服任何马虎、凑合、不负责任的工作态度。

(2) 加强技术培训，开展岗位培训活动，提高人员的业务技术素质，使我们的设计人员、工程技术人员、施工人员，都懂技术规范，成为行家能手。认识到哪些问题属于装置性违章，这样才能有效防止造成新的装置性违章。

(3) 加大考核力度，落实岗位责任制，从设计、审图、施工安装到验收，层层把关。

（4）应从线路设备的选型、进货、出入库严把产品质量关，不合格的产品不准进货，出库的产品，该试验的必须试验。

（5）要提高电力线路的安全运行水平，就必须严格线路管理，加强巡视、检修、维护，对发现已形成的装置性违章要及时消除，把事故消灭于萌芽状态，真正提高企业线路的安全运行水平。

6.3.4　反指挥性违章

1. 指挥性违章的概念

指挥性违章，是指安排或指挥员工违反国家有关安全的法律、法规、规章制度、企业安全管理制度或操作规程进行作业的行为。

2. 指挥性违章的表现形式

（1）指派不具备安全资格的人员上岗，不考虑员工的工种与技术等级进行分工。

（2）没有工作交底，没有安全技术措施，没有创造生产安全的必备条件，或应办工作票、操作票的不办，即组织生产。

（3）擅自变更经批准的安全技术措施或工作票、操作票、安全施工作业票。

（4）对员工发现的装置性违章和技术人员拟定的反装置性违章措施不闻不问，不组织消除。

（5）擅自决定变动、拆除、挪用或停用安全装置和设施。

（6）不按规定给员工配备必须佩戴的劳动安全卫生防护用品。

2. 反指挥性违章的措施

反指挥性违章的具体措施如下。

（1）要坚持工作班前会宣读安全作业票和班会后的作业活动。

（2）严格制止违反安全规程操作、违反安全技术交底施工。

（3）各作业点施工负责人、安全监护人要认真执行安全监护制度，不得擅自离开工作岗位，在离开工作岗位前要指定代理监护人。

（4）对无视安全人员的警告，不及时纠正违章指挥的人员要停止其工作。

6.3.5 反管理性违章

1. 管理性违章的概念

管理性违章，是指发生在个别领导和管理人员身上的违章行为。具体地讲是指企业的各级行政、技术管理人员在执行党和国家安全生产方针、政策、法令、法规及行为标准、规程、规章制度时，常常以主观经验、意愿及自身理解和需要为出发点，无意间改变或借故不执行标准、规程、规定的违章行为。

2. 管理性违章的特点

(1) 隐蔽性。由于违章管理往往发生在领导层，一般不是直接违章，直观性较差，不易被人注意，特别是不易被施工现场发现。有些事故从表面上看是作业人员违章作业，但探究事故的本质原因，往往与劳动组织不合理、安全设施与生产进度不同步、设备安全装置不完善或失效、安全监测检查不及时、安全措施针对性不强、安全教育不及时或流于形式有关。

这些管理性违章具有一定的隐蔽性及滞后性，常常易在分析事故时被忽略，只有深入追究下去才能发现其中原因。

(2) 误导性。管理违章多发生于企业管理层，个别管理人员把冒险不当成违章，而当成作业中的“经验”，因为它有“省时省力”的长处。员工的习惯性违章源于领导的管理性违章，发生事故的本质原因，应该是管理性违章。

(3) 阻碍性。发生管理性违章的人，往往把自己的错误习惯当做经验去固守、去传承，而对新的安全思维、新标准、新条例、新理念、新观念拒绝接受，持怀疑、观望、等待和侥幸心理。加上管理性违章多发生于领导层和管理人员，因而阻碍了先进管理机制、先进安全管理理念的贯彻落实。

(4) 顽固性。领导层管理性违章同工人习惯性违章一样，也具有顽固性。因为管理性违章既有很大的“习惯性”，又有很强的“隐蔽性”，特别是管理性违章又对“隐蔽性”“习惯性”起到很大的掩护作用，这就加剧了管理性违章的顽固性。

（5）诱发性。管理性违章会间接导致恶性事故的发生。在诱发事故方面，管理性违章有“滞后性”和“间接性”的特点。虽然存在管理性违章，但事故并不随之而来，但若长期不予纠正，则会由量变到质变，发生恶性事故就是必然的了。

3. 管理性违章的表现形式

管理性违章是不良的管理，体现为企业领导和管理层重生产、轻安全，重进度、轻措施，重效益、轻教育。管理性违章的表现形式如下。

（1）不良的管理作风。不良的管理作风体现在部分管理人员遇到生产安全问题时，极力回避安全人员，逃避安全责任，不从主观上认真查找自身的不足，而是丧失管理者勇于承担责任的勇气。他们不认真进行管理工作，视安全如儿戏。

（2）不良的管理思维。不良的管理思维认为“安全”是安全人员管的，“违章”是安全人员抓的，“安全措施”是安全人员审的，“安全教育”是安全人员负责的，上述行为都与管理人员无关。

（3）不良的作业程序。不良的作业程序体现在部分工作负责人自身安全学习不够，对安全作业规程掌握不透彻，安全防范能力低下，凭经验作业，走“捷径”，无视安全风险；对制定的安全防范措施和危险点分析预控，既不组织学习，也不进行交底，盲目指挥。

4. 常见的管理性违章现象

常见的管理性违章现象举例如下。

（1）不重视规章制度建设，现场规章制度不健全。

（2）招用资质审查不合格的外包队伍，将主要工程分包给不具备相应资质的外包队伍。

（3）安排未经安全教育、考试、体检人员进行现场施工，安排不具备特种作业资格的人员进行特种作业。

（4）违章指挥，默认工人违章作业、冒险作业、在没有可靠的技术措施和安全保障措施的状态下施工。

（5）未进行施工项目开工前安全施工条件的检查与落实，经批准的作业指导书或安全措施有错误或缺陷。

（6）默认或指使有关人员降低违章或处罚标准，或免予处罚。

（7）设备运行前不检查，设备带“病”运行、超负荷运行等。

（8）施工负责人擅自更改经批准的技术措施、安全措施、操作票、安全施工作业票。

（9）安排或默认六级以上大风或恶劣天气时进行高处露天作业，或霜冻、雨雪天气进行高处作业无防滑、防坠落措施。

5．*反管理性违章的措施*

严格管理性违章的处罚，除对相关责任人进行经济处罚外，还要加重处罚重复性的管理性违章，对相关管理人员也进行处罚。具体应采取以下控制和防范措施。

（1）要求管理者加强安全学习，增强安全工作的风险意识，自觉履行安全职责。树立“安全责任重于泰山，安全无小事”的理念，全面落实安全生产责任制，及时参加安全工作会议，解决安全管理工作中存在的问题，在安全生产中起模范带头作用。

（2）要加强对员工的安全教育，逐步提高员工的自我保护意识，保证员工自觉遵章守纪，同时要对管理者下达的命令有足够的判断能力。

（3）要求管理者在从事经营生产活动中不但要知道生产的工艺流程，更要知道在生产过程中存在的危险点，并组织做好预控措施，有效防止各类事故的发生。

（4）要建立健全各级人员安全生产责任制，健全安全监督网络，加强对安全工作的领导和监督。组织专门机构负责日常的安全管理工作，形成以领导负责的责任体系、职能部门负责的保障体系、安全监督部门负责的监督体系。

（5）要从提高各级领导自身的安全意识、安全素质入手，针对个别领导容易出现的重生产、重进度、忽视安全的不良倾向进行宣传培训。

（6）把反管理性违章纳入安全生产责任制之中，并与经济责任制挂钩，使安全生产责任制的约束作用和经济责任制的激励作用有机地结合起来，充分发挥领导的带头作用。

第7章 班组标准化作业管理

7.1 标准化作业

7.1.1 标准化作业的概念

标准化作业，是指在对作业系统调查分析的基础上，将现行作业方法的每一个操作程序和每一个动作进行分解，以科学技术、规章制度和实践经验为依据，以安全、质量效益为目标，对作业过程进行改善，从而形成一种优化作业程序，逐步达到安全、准确、高效、省力的作业效果。

7.1.2 标准化作业的目标

如果生产现场的工序前后次序随意变更，或作业方法、作业条件因人而异有所改变的话，将无法生产出符合要求的产品。因此，必须对作业流程、作业方法和作业条件加以规定并贯彻执行，使之标准化。标准化作业有设备储备、提高效率、防止再发和教育训练四大目标，如图7—1所示。

7.1.3 标准化作业的要素

标准化作业有三个要素，即周期时间、作业程序、标准手头存货量。掌握标准化作业的要素，对实施标准化作业具有至关重要的作用。

1. 周期时间

周期时间，是指完成一个工序所需的必要的全部时间。如果没有周期时间的限制，而是任意的按照自己的想法，推迟或提前完成规定的工作，这两种情况都是不可取的。

2. 作业程序

作业程序，是指完成一件事情所需遵守的步骤。如果没有作业

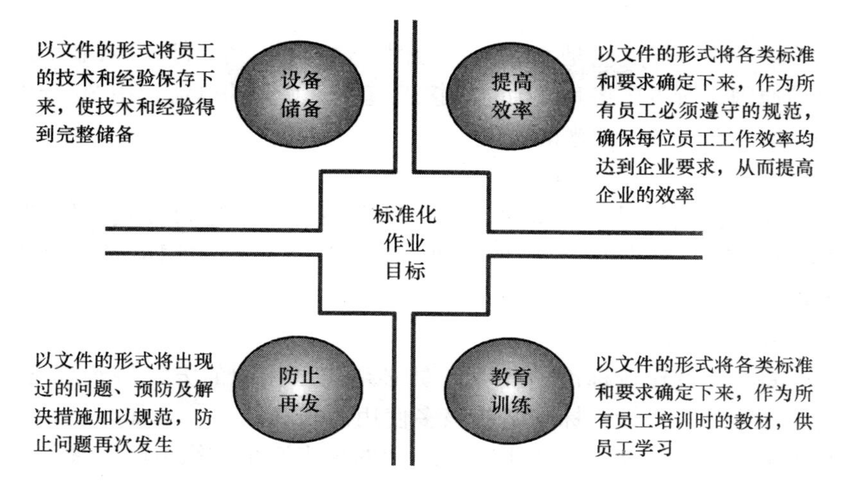

图 7—1　标准化作业目标

程序，或是作业程序不明确，或是作业人员不按作业程序工作，则会造成工作完成的延迟，或是作业质量的不合格，甚至是完成不了工作。因此，标准化作业需明确作业程序，且作业人员必须按照作业程序进行作业，以保证在周期时间内保质保量完成工作。

3. 标准手头存货量

标准手头存货量，是指维持正常作业进行的必要的库存量。企业需备有且可随时调用的资源以预防生产过程中的突发状况。因此，在进行标准化作业时，需对标准手头存货量作出明确规定，并确保手头存货量满足标准要求。

7.1.4 作业标准的制定要求

作业标准的制定要求需满足 6 项基本要求，具体内容如下。

1. 目标指向

标准化必须是面对目标的，即遵循标准总是能保持生产出相同品质的产品。因此，与目标无关的词语、内容请勿出现。

2. 显示原因和结果

以“焊接厚度应是 6 微米”为例，这只是一个结果，未显示出具体原因，所以应将其改为“焊接工应用 3.0 安的电流，用 20 分钟的时间来获得 6.0 微米的厚度”。

3. 准确

要避免抽象词语的出现，尽量以准确的词语进行描述。例如，“上紧螺丝时要小心”。中的“要小心”这类模糊的词语是不宜出现的。

4. 数量化

每个阅读作业标准的作业人员必须能以相同的方式解释标准。为了达到这一目标，标准中应该多使用图表和数字。例如，使用一个更量化的表达方式，“使用 5 000 伏的摇表测量绝缘电阻”来代替“使用摇表测量电阻”的表述。

5. 具有可操作性

标准必须是符合实际操作要求的，即具有可操作性。

6. 及时更新

标准需根据企业的实际情况进行更新修订，以满足实际生产的需要。出现如图 7—2 所示的情况之一者，需对标准进行修订。

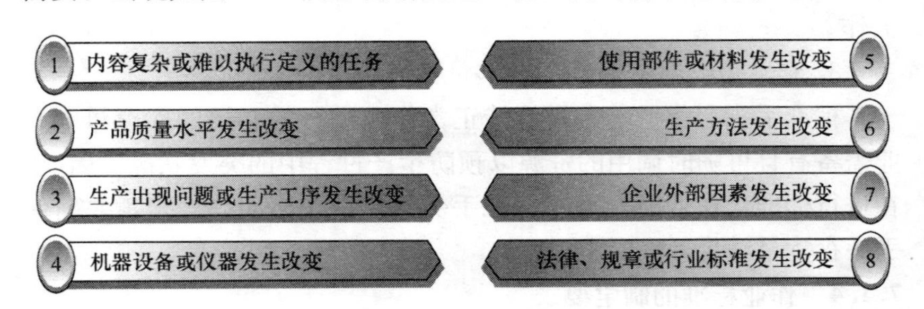

图 7—2 修订标准适用情形

特别需要指出的是，标准化作业的实行需以标准化作业指导书为载体。标准化作业指导书集中体现了企业实行标准化作业的各项要求，保证企业标准化作业的顺利进行。

7.2　标准化作业指导书

7.2.1　标准化作业指导书的作用

标准化作业指导书（Standard Operation Paper，简称SOP），是用于规范标准化作业的程序，控制标准化作业时间的工业规范文件，是作业指导者正确指导作业者进行标准作业的基准。其作用具体有以下6点。

1. 为作业人员提供指导

一份内容清楚的标准化作业指导书，会以照片、绘制流程图等形式将各阶段的工作内容详细地传达给参加上岗培训的作业人员或现场作业人员，并为他们在作业现场工作提供正确指导。

2. 促使作业标准化

标准化作业指导书明确表示了作业方法，并对作业项目、作业重点、各零部件的规格值等内容作了详尽的描述，从而使各项工作趋于标准化。

3. 提高质量和技术水平

电力企业在实施技术改造或推行新技术的时候，需通过标准化作业指导书将新的技术理念转化为实际可操作的内容。因此，标准化作业指导书是企业质量改进和技术改造的基础。

4. 为现场管理人员工作提供依据

标准化作业指导书中详尽地记述了现场作业人员工作行为的标准，因此，现场管理人员可将标准化作业指导书作为管理的依据，根据标准化作业指导书的相关内容判断现场作业人员的行为是否符合企业的相关规定，并对不符合规定的行为进行纠正，以此保证现场作业人员均做到按章行事，从而保证企业生产的顺利进行。

5. 为质量或安全事故调查提供依据

当企业出现质量或安全事故时，可根据标准化作业指导书中的各项标准和规定对事故进行调查，分析事故原因，判定事故责任人。

6. 是企业文化的最终体现

标准化作业指导书中的各项规定能充分体现企业的企业文化。如果企业奉行安全生产，那么在标准化作业指导书中就会把生产各个阶段的操作方法、操作标准等内容详细地描述出来，让现场作业人员深刻地理解并彻底地执行。如果企业把质量第一作为价值观，那就会把产品质量保障的各项措施和标准、质量事故和隐患的处理方式等内容详细地体现在标准化作业指导书中，让作业人员准确地执行。

7.2.2 标准化作业指导书的内容

标准化作业指导书主要由封面、应用范围、引用文件、事前准备、现场作业程序和附录六部分内容组成。

1. 封面

（1）封面内容。标准化作业指导书的封面主要包括指导书编号、指导书名称、编写单位、编制人与编制时间、审核人与审核时间、批准人与批准时间、作业负责人、作业工期 8 部分内容，具体如表 7—1 所示。

表 7—1　　标准化作业指导书的封面内容

内容	具体要求
指导书编号	每份作业指导书均需有唯一对应的编号，以便查找
指导书名称	作业名称需包含作业地点、设备的电压等级、编号及作业性质等内容，如“××变电站××千伏××线检修作业指导书”
编写单位	即编制作业指导书的具体标准部门
编制人与编制时间	指导书编制人负责指导书的编制，并在“编制人”一栏内签名，且注明编制时间
审核人与审核时间	指导书审核人负责对指导书的正确性和合理性进行审核，并在“审核人”一栏内签名，且注明审核时间

续表

内容	具体要求
批准人与批准时间	指导书审批人负责指导书执行的许可，并在“审批人”一栏内签名，且注明审批时间
作业负责人	即现场作业人员，负责指导书的实施，并在“作业负责人”一栏内签名
作业工期	即现场作业的具体作业时间

（2）封面格式

编号：

××变电站××千伏××线检修作业指导书

编制部门：____________________

编制人：____________ ____年__月__日

审核人：____________ ____年__月__日

审批人：____________ ____年__月__日

作业负责人：________ 作业工期：____

2. 应用范围

需对标准化作业指导书的应用范围和使用效力作出具体的规定，如“××变电站××千伏××线检修作业指导书”表明此作业指导书仅适用于线路的检修工作。

3. 引用文件

标准化作业指导书中需明确编制指导书所引用的法律、法规、专业规程和标准、企业管理规定及设备说明书。

4. 事前准备

作业指导书需对作业人员的作业前准备工作进行详细的描述，

具体内容如图 7—3 所示。

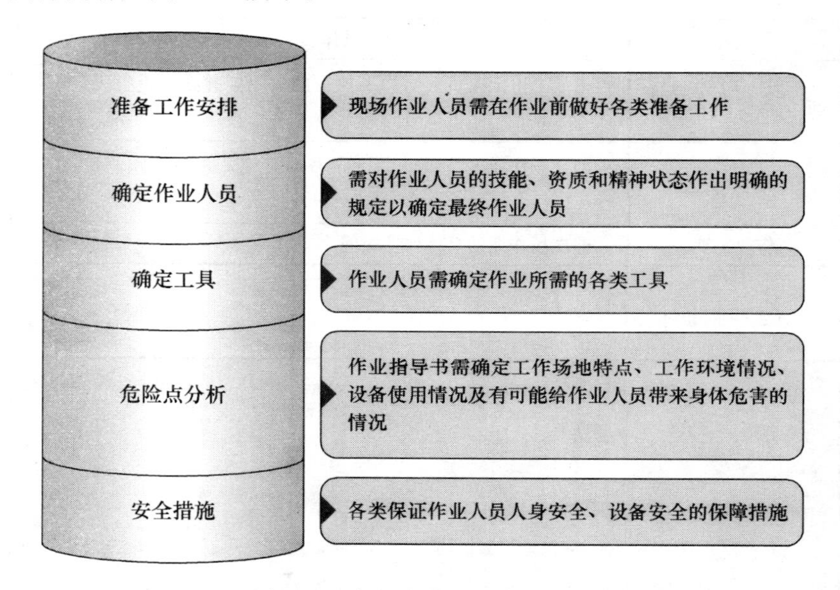

图 7—3　标准化作业的事前准备

5. 现场作业程序

标准化作业指导书需详细描述现场作业的每一阶段的工作内容、工作标准及具体的操作办法。

6. 附录

在标准化作业指导书末尾需附上作业所需的各类表格、文件等。

7.2.3　标准化作业指导书的编制

1. 标准化作业指导书的编制依据

标准化作业指导书的编制依据包括但不限于以下 5 种。

（1）国家法规。包括《中华人民共和国电力法》《中华人民共和国消防法》《中华人民共和国安全生产法》等法律。

（2）行业法规。包括《中华人民共和国电力设施保护条例》《国家电网公司安全生产工作规定》《电力建设安全工作规程》等法规。

（3）专业技术规程。包括《电气装置安全工程高压电气施工及验收规范》《电气装置安全工程电缆线路施工及验收规范》等相关规程。

（4）设备说明书。如电焊器具使用说明书等。

（5）其他文件。缺陷管理、技术监督等企业管理规定和文件。

2. 标准化作业指导书的编制要求

标准化作业指导书在编制过程中需满足以下5项要求。

（1）标准化作业指导书的内容需围绕企业安全和质量两条主线，且需对现场作业的整个过程进行控制管理。

（2）标准化作业指导书需在作业前进行编制，且需针对现场实际，量化每项作业内容。

（3）标准化作业指导书中的内容概念必须清楚，表达必须准确，文字简练，且易于作业人员理解。

（4）标准化作业指导书应由专业技术人员编写，由相关主管签字确认，必须做到编写、审核、批准、执行签字齐全。

（5）企业中每一项作业任务均需对应一份作业指导书。

3. 标准化作业指导书的文本要求

标准化作业指导书的文本要求主要如表7—2所示。

表7—2　　　　标准化作业指导书文本要求一览表

内容	设置要求（举例说明）
页面设置	◇页面采用A4纸，横排版、竖装订，装订线在左侧 ◇页边距上、下为2.5厘米，左右为3.5厘米
封面设计	◇指导书编号采用“四号宋体” ◇指导书名称采用“一号黑体” ◇编写单位、编制人与编制时间、审核人与审核时间、批准人与批准时间、作业负责人、作业工期采用“小三号宋体加粗” ◇根据文字多少调整行间距以及封面上下两部分的间距，使封面布局达到美观效果

续表

内容	设置要求（举例说明）
正文设置	◇ 一级标题采用“四号宋体加粗，1.5 倍行距，段前和段后各 13 磅” ◇ 二级标题采用“小四号宋体加粗，1.5 倍行距，段前和段后各 13 磅” ◇ 正文采用“五号宋体，1.5 倍行距，段前和段后各为 0 磅” ◇ 图表内文字采用“小五号宋体 1.5 倍行距”

4. 标准化作业指导书的编制步骤

标准化作业指导书的编制步骤，如图 7—4 所示。

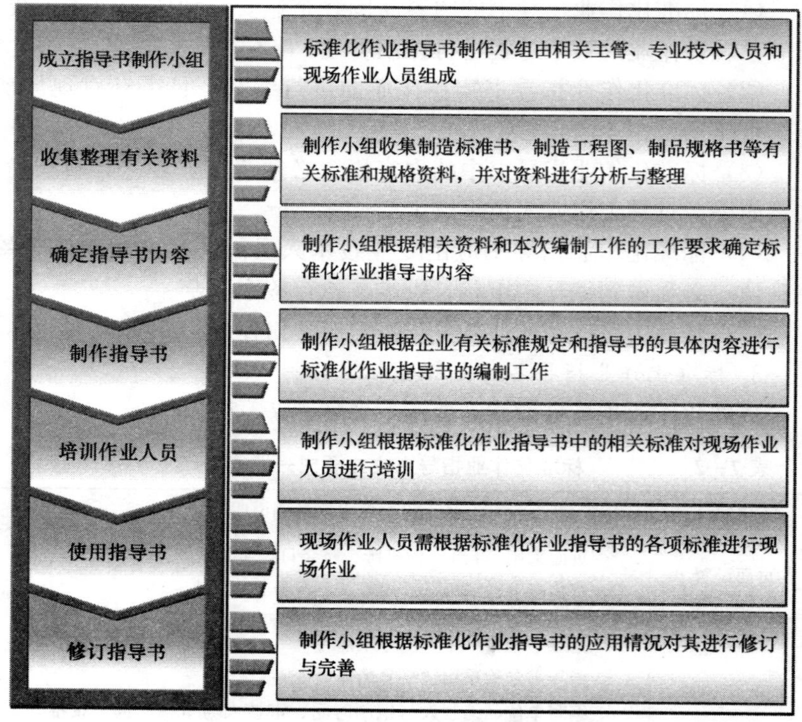

图 7—4　标准化作业指导书的编制步骤

7.2.4　标准化作业指导书的执行

标准化作业指导书需按照以下三个步骤执行。

1. 岗前学习

在使用标准化作业指导书之前，企业需组织作业人员对指导书进行专题学习，从而使作业人员熟练掌握指导书中的各项要求。

2. 在岗应用与完善

作业人员需严格按照标准化作业指导书的各项要求进行作业，不得漏项和越项作业。在每一项工作完成后，作业人员要及时填写执行情况和结果数据，并同标准数据进行对比，以判断作业效果是否符合指导书的要求，从而找出工作中存在的问题，并积极寻求解决措施。而对于高空作业，可由作业现场负责人根据现场的实际情况与作业人员的作业情况逐项确认标准化作业指导书的使用情况。

在标准化作业指导书执行过程中，如发现与实际或相关规定不相符的情况，作业人员需立即停止作业，并将情况上报相关负责人。现场负责人则需根据现场实际情况修改标准化作业指导书，并做好记录。指导书修改完成后，作业人员则按照新的指导书进行工作。

3. 总结完善

在所有作业任务完成后，作业人员与相关负责人需对标准化作业指导书的执行情况进行总结，修订不符合指导书要求的作业行为，以保证标准化作业指导书在日常作业过程中的贯彻执行。

7.2.5　标准化作业指导书的模板

1. 标准化作业指导书模板一

<table>
<tr><td colspan="4" rowspan="4">____标准化作业指导书</td><td>文件编号</td><td colspan="3"></td></tr>
<tr><td>编制日期</td><td colspan="3"></td></tr>
<tr><td>版本</td><td colspan="3"></td></tr>
<tr><td>页数</td><td colspan="3">第__页，共__页</td></tr>
<tr><td>工序名称</td><td></td><td>工序类型</td><td></td><td>标准工时</td><td></td><td>人员配置</td><td></td></tr>
<tr><td colspan="8">工序流程图</td></tr>
<tr><td colspan="8">图示区</td></tr>
</table>

续表

需使用的工装							
名称	规格	单位	数量	工作示意图			
操作程序							
操作说明				技术标准			
备注							
编制		审核		批准			

2. 标准化作业指导书模板二

<table>
<tr><td rowspan="2">文案名称</td><td rowspan="2">标准化作业指导书模板</td><td>编　号</td><td></td></tr>
<tr><td>执行部门</td><td></td></tr>
<tr><td colspan="4">编号：
×××××标准化作业指导书

编制部门：________________
编制人：________　　____年__月__日
审核人：________　　____年__月__日
审批人：________　　____年__月__日
作业负责人：________　　作业工期：____</td></tr>
</table>

续表

文案名称	标准化作业指导书模板	编　号	
		执行部门	

一、适用范围

本作业指导书适用于××的工作。

二、引用文件

在本指导书中引用了下列文件。

（略）。

三、事前准备

（一）准备工作安排

本表需详细填写作业前的各项准备工作。

工作内容一览表

序号	内容	负责人	备注
1			
2			
3			

（二）确定作业人员

本表需详细填写参加作业人员类别的名称及作业人员的职责和素质要求等内容。

作业人员要求一览表

人员类别	人数	职责及要求

（三）确定工具

本表需详细填写作业中所需要的各类工器具和材料的名称、规格型号等内容。

工器具、材料一览表

序号	名称	规格	单位	数量	备注
1					
2					
3					

续表

文案名称	标准化作业指导书模板	编　号	
		执行部门	

（四）危险点分析

本表需详细填写作业过程中的各种危险点。

危险点分析

序号	内容
1	
2	
3	

（五）安全措施

本表需详细填写作业过程中的各项安全保护措施。

安全保护措施一览表

序号	内容
1	
2	
3	

四、现场作业程序

（一）作业流程图

（略）。

（二）作业程序

本表需详细填写作业的各阶段内容、各阶段作业步骤及作业标准。

标准化作业的程序

作业阶段	作业程序	作业标准

续表

<table>
<tr><td>文案名称</td><td>标准化作业指导书模板</td><td>编　　号</td><td></td></tr>
<tr><td></td><td></td><td>执行部门</td><td></td></tr>
<tr><td colspan="4">五、附录
（略）。</td></tr>
<tr><td>编制人员</td><td></td><td>审核人员</td><td></td><td>批准人员</td><td></td></tr>
<tr><td>编制日期</td><td></td><td>审核日期</td><td></td><td>批准日期</td><td></td></tr>
</table>

7.2.6　标准化作业指导书的样例

文案名称	标准化作业指导书	编　　号	
		执行部门	

编号：

带电修补电力线路标准化作业指导书

编制部门：________________________

编制人：____________　　____年__月__日

审核人：____________　　____年__月__日

审批人：____________　　____年__月__日

作业负责人：________　　作业工期：____

一、适用范围

本作业指导书适用于配电线路的带电修补工作。

二、引用文件

在本指导书中引用了下列文件。

1. 《电力安全工作规程》（电力线路部分）。
2. 《配电线路带电作业技术导则》。
3. 《架空配电线路及设备运行规程》。
4. “带电作业操作导则”。
5. “带电作业技术管理制度”。

三、事前准备

（一）确定工作内容

标准化作业的事前准备工作如下表所示。

续表

<table>
<tr><td rowspan="2">文案名称</td><td rowspan="2">标准化作业指导书</td><td>编　　号</td><td></td></tr>
<tr><td>执行部门</td><td></td></tr>
</table>

工作内容一览表

序号	内容	负责人	备注
1	学习线路接线图和试验标准，熟悉线路的具体路径和走向		
2	班组内部组织安全、质量、进度技术交底，从而使作业人员掌握电力线路故障查找方法、技术标准及修复方式等内容		
3	查阅电力线路电缆的型号、制造厂商、安全日期、施工人员、试验安装报告、负荷记录、检修记录及故障时的继电保护动作		
4	需对作业现场使用的工器具、设备及材料进行检查和保养，以确保其能够正常使用		
5	沿线检查线路周边环境		
6	准备好相应的安全标志		

（二）确定作业人员

标准化作业的各类人员的人数、职责及要求，如下表所示。

作业人员要求一览表

人员类别	人数	职责及要求
作业现场负责人	1	1. 作业现场负责人须经企业批准确定 2. 技能达到中级工及以上水平 3. 工作职责为： ①负责作业任务的人员分工，制定作业方案 ②负责作业前的现场勘察 ③负责检查作业人员着装和安全设备的配备是否符合企业规定 ④负责作业过程的安全监督和检查 ⑤负责处理作业中的突发情况 ⑥负责作业质量的检查 ⑦负责在作业结束后的全面检查，并填写作业记录，做好总结工作

续表

<table>
<tr><td>文案名称</td><td colspan="2">标准化作业指导书</td><td>编　号</td><td></td></tr>
<tr><td></td><td colspan="2"></td><td>执行部门</td><td></td></tr>
<tr><td rowspan="3">作业人员</td><td>斗内
作业人员</td><td>2</td><td colspan="2">1. 技能达到初级工及以上水平
2. 需佩戴必要的安全防护设备，且需持上岗证作业
3. 工作职责为：
①负责带电修补作业中的主要工作
②负责布置和拆除绝缘保护及带电修补导线
③负责确定工作斗位置</td></tr>
<tr><td>工作斗
操作人员</td><td>1</td><td colspan="2">1. 技能达到初级工及以上水平
2. 工作职责为：
①操作工作斗，配合斗内作业人员调整工作位置
②负责对斗内作业人员在作业过程中实施保护</td></tr>
<tr><td>地面
工作人员</td><td>1</td><td colspan="2">1. 技能达到初级工水平
2. 工作职责为：
①负责对斗内人员的保护
②负责准备作业所需的工器具及设备
③配合斗内人员作业</td></tr>
</table>

（三）确定工具

标准化作业中应使用的工器具、材料的名称、规格及数量要求，如下表所示。

工器具、材料一览表

序号	名称	规格	单位	数量	备注
1	绝缘安全帽	绝缘等级 2 级	顶	3	
2	绝缘衣	绝缘等级 2 级	件	3	
3	绝缘手套	绝缘等级 2 级	副	3	
4	绝缘安全带		根	4	
5	绝缘斗臂车		辆	1	

续表

文案名称	标准化作业指导书	编　号	
		执行部门	

6	护目镜		副	3	
7	导线遮蔽罩	绝缘等级 2 级	根	6	
8	电工工具		套	2	
9	5 000 伏摇表		只	2	
10	扎线、钳压修补管		只	若干	
11	对讲机		对	2	

（四）危险点分析

标准化作业中可能触及的危险点分析，如下表所示。

危险点分析

序号	内容
1	作业现场情况检查不全面、不准确
2	作业人员未掌握对作业任务和安全防护措施，盲目工作
3	作业前未验电接地
4	接、拆低压电源不规范，造成人员触电
5	设备在现场搬运过程中，因指挥不当，造成损坏，砸伤作业人员
6	违反现场作业纪律
7	作业人员思想波动较大，情绪反常，身体状况不佳，心理不正常
8	高空坠落物体伤人或登高人员坠落
9	监护人员监护不力
10	提交任务终结手续后，又回到设备上工作

（五）安全措施

在本标准化作业中，应采取一定的安全措施，保证作业人员的人身和财产安全。具体如下表所示。

续表

文案名称	标准化作业指导书	编　号	
		执行部门	

安全保护措施一览表

序号	内容
1	装设接地线时，应先接接地端，后接导线端，接地线连接可靠，不准缠绕，拆接地线时的程序与此相反
2	验电时，应戴绝缘手套，并有专人监护并应逐相进行
3	线路上若有感应电压时，在电缆终端头及架空线上加装接地线
4	作业设备四周要设置遮栏，夜间作业时要保证照明充足
5	登高作业必须系安全带，戴安全帽，穿绝缘靴
6	工作完毕后，需有专人检查接地线是否拆除

四、现场作业程序

（一）作业流程图

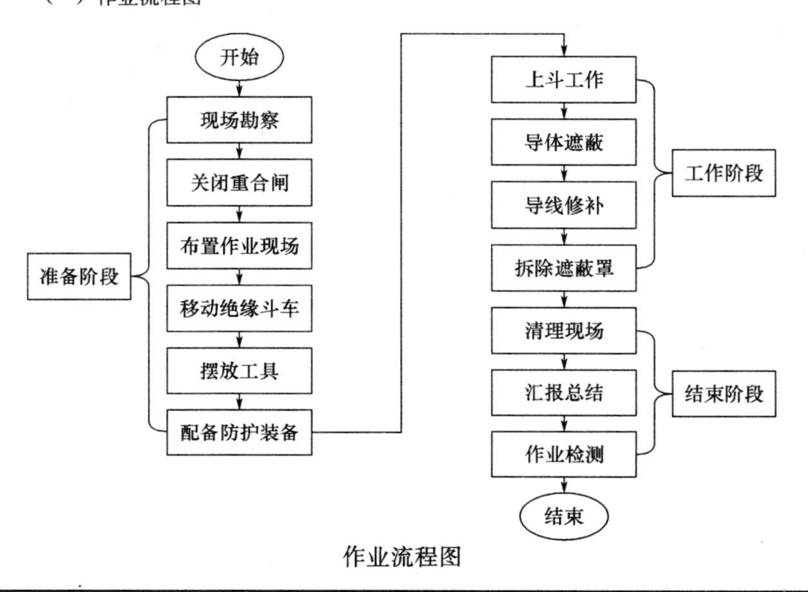

作业流程图

续表

<table>
<tr><td>文案名称</td><td rowspan="2">标准化作业指导书</td><td>编　号</td><td></td></tr>
<tr><td></td><td>执行部门</td><td></td></tr>
</table>

（二）作业程序

标准化作业的具体程序，如下表所示。

标准化作业的程序

作业阶段	作业程序	作业标准
准备阶段	现场勘察	明确停电线路名称和杆塔编号
	关闭重合闸	确认重合闸已经关闭
	布置作业现场，摆放安全护栏和作业标志	根据作业要求布置作业现场，并将安全护栏和作业标志置于明显位置
	移动绝缘斗臂车，接好接地线	斗臂车停放位置合理，支腿支持完全
	摆放工具	将作业工具按照要求摆放好，并检验工具，以确保工具良好
	斗内作业人员穿戴防护装备	斗内作业人员需按规定佩戴安全保护装备
工作阶段	斗内作业人员进入绝缘斗，并系好安全带	
	工作斗操作人员操作绝缘斗到达作业位置	操作斗应稳定上升，并注意对可能触及的高、低压带电部件进行绝缘遮蔽
	工作斗到达工作位置后，斗内作业人员需遮蔽离身体最近的边相导线	导线遮蔽罩需开口向下套入，并拉到靠近绝缘子的边缘处
	作业人员需遮蔽作业范围内不满足安全距离的所有带电部件	按照由近到远、由低到高、由大到小的原则遮蔽

续表

文案名称	标准化作业指导书	编　号	
		执行部门	

工作阶段	移开待修补位置的导线遮蔽罩，检查导线损坏情况，并用扎线或钳压补修管等材料修补导线	作业人员须尽量小范围地露出带电导线
	一处修补完毕后，则恢复绝缘遮蔽。重复上述方法修补其余位置的导线	绑扎需牢固，并做好绝缘保护措施
	全部修补完成后，拆除遮蔽罩	按照由远到近、由高到低、由小到大的原则拆除
	工作斗返回地面，取出斗内所有物件	对杆塔各部分进行检查，做到没有遗漏
结束阶段	清理工具和现场	作业负责人负责清点人数、整理工具，撤除围栏
	工作总结与汇报	作业人员填写作业记录表，并汇报工作结束，撤离作业现场
	作业情况检验	相关主管以本指导书为依据检验作业人员的作业情况

五、附录

1. 作业记录表。

作业记录表

作业项目	作业情况	作业人员	记录日期
			____年__月__日
			____年__月__日
			____年__月__日

续表

文案名称	标准化作业指导书	编　　号	
		执行部门	

2. 作业情况检验表。

作业情况检验表

作业项目	作业人员	工期	检验结果	改善措施
			□ 优　　□ 良 □ 合格　□ 不合格 检验人： 检验日期：____年__月__日	
			□ 优　　□ 良 □ 合格　□ 不合格 检验人： 检验日期：____年__月__日	

编制人员		审核人员		批准人员	
编制日期		审核日期		批准日期	

第8章　电力企业事故预防与急救

8.1　电力企业事故预防

8.1.1　电力企业事故的预防

电力企业安全面临很大风险，电力事故威胁时时存在，电力企业的各班组长必须高度重视本企业的安全管理工作。有效预防事故的发生，需从以下六个方面开展工作。

1. 树立安全意识

（1）增强人本意识。电力企业事故预防的主要目的就是保护人的安全，促进员工的智力、体力、生活质量等全面提升。所以，企业必须以人为本，把保护员工的健康和生命安全作为首要考虑因素。

为此，班组长应对员工做好安全培训和宣传。安全培训包括电力安全岗位资格培训、电力安全技能培训和电力安全知识培训等，以切实提高班组员工的安全意识，防范事故的发生。此外，电力企业各班组长还要大力宣传安全生产的重要性，在班组内部形成尊重生命、普及安全知识的文化氛围。

（2）增强科技意识。电力企业安全生产科技含量的高低，也直接关系到企业安全管理的成败。生产工艺简陋，设备质量性能差，生产安全就很难得到保障。安全科技是推动安全生产发展的重要基础，班组长应组织活动增强班组成员的科技意识。增强科技意识的方法及具体措施如表8—1所示。

表8—1　　增强科技意识的方法及具体措施

方法	具体措施
宣传	◇通过大力传播、教育来普及安全生产的科技知识
改善	◇要加大对安全生产的投入，进行设备和技术改造，完善安全设施
研发	◇电力企业要采用先进实用的生产技术，组织安全生产技术研发，引进先进安全科技，提高危险物品生产、储存和危险源的管理能力

2. 事故预防费用支持

电力企业进行事故预防时需要投入一定的费用，财务部门要按要求进行费用分发，班组长领取到事故预防费用时应合理运用，争取保证生产安全。

（1）安全宣传教育费用。电力企业进行安全宣传教育投入时，一般会产生如下费用，其内容如表8—2所示。

表8—2　　安全宣传教育费用内容

费用项	费用内容
员工安全培训	◇三级教育、特种作业上岗培训、安全知识讲座费用、教材费、讲课费等
安全例会、活动	◇对员工进行教育的安全生产例会、安全活动等费用
参与人员、时间	◇安全会议和安全活动的参与人、花费时间等产生的费用
宣传费用	◇安全专题板报或报纸、宣传栏、安全宣传稿件、传单等费用

（2）日常安全生产管理费用。电力企业安全生产管理部门日常开展工作需要投入一定费用，包括安全员的工资、津贴和办公支出，以及职业安全健康管理体系的建立及运行维护费用等。

（3）保险费用。保险费用包括电力企业在财产保险、车辆保险、工伤保险等方面投入的费用。

（4）应急救援费用。应急救援费用是指电力企业为了有效控制突发电力事故而预先计划的应急救援系统的费用。具体内容如图 8—1 所示。

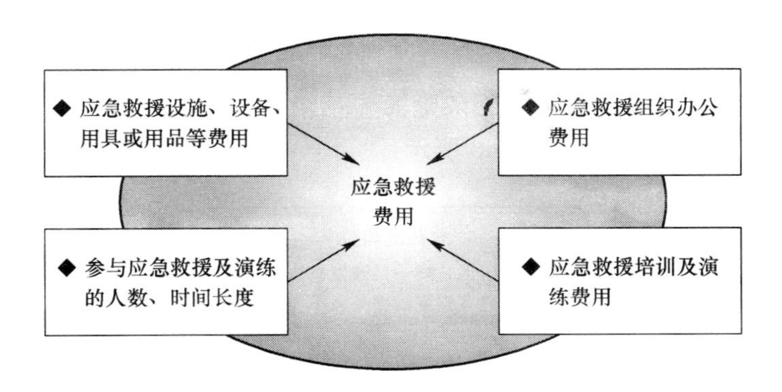

图 8—1 应急救援费用

（5）事故投入。突发事故发生后，电力企业为了控制事故扩散，减少事故损失，处理事故需投入一定费用。这方面的投入主要包括 5 个方面的内容，如图 8—2 所示。

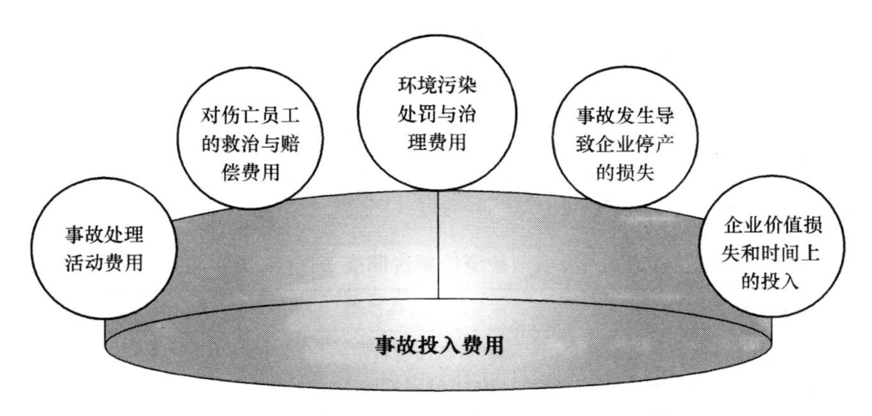

图 8—2 事故投入费用

3. 加强危险源管理

（1）危险源三要素。危险源是指电力企业生产中具有潜在能量和危险，在一定触发因素作用下可能转化为事故的部位、区域、场所、空间、岗位、设备等。危险源是能量、危险物质集中的核心，是能量传出或爆发的地方。危险源包括潜在危险性、存在条件和触发因素三个要素，如图 8—3 所示。

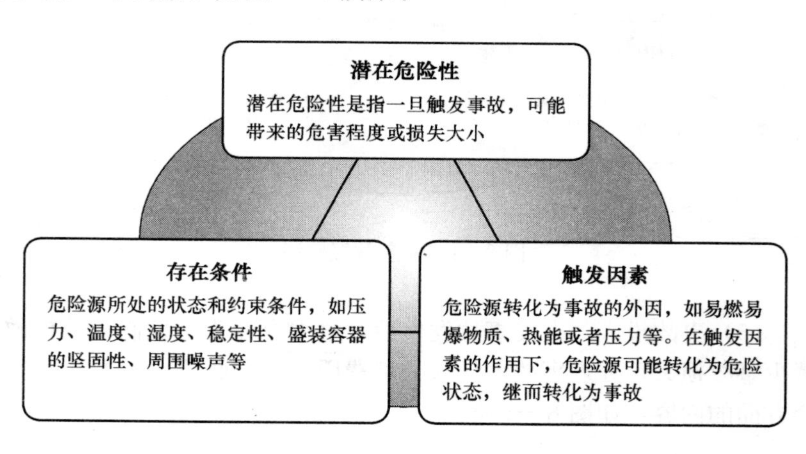

图 8—3　危险源组成三要素

（2）危险源控制。为了避免危险源触发转变为事故，应对其进行控制。危险源控制主要从技术控制和员工行为控制两个方面来进行，具体如表 8—3 所示。

表 8—3　　危险源控制说明表

控制方法	具体说明
技术控制	◇通过采取技术措施对固有危险源进行控制 ◇主要技术包括消除、控制、防护、隔离、监控、保留和转移等

续表

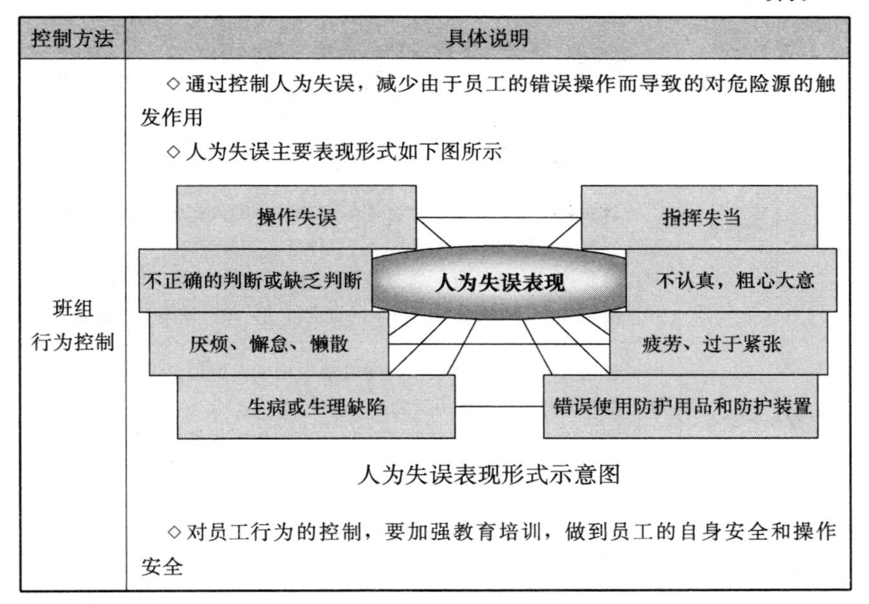

控制方法	具体说明
班组行为控制	◇通过控制人为失误，减少由于员工的错误操作而导致的对危险源的触发作用 ◇人为失误主要表现形式如下图所示 人为失误表现 操作失误 指挥失当 不正确的判断或缺乏判断 不认真，粗心大意 厌烦、懈怠、懒散 疲劳、过于紧张 生病或生理缺陷 错误使用防护用品和防护装置 人为失误表现形式示意图 ◇对员工行为的控制，要加强教育培训，做到员工的自身安全和操作安全

4. 建立预警机制

电力企业班组长要时刻做好事故预想，了解本班组的危险源，并定期检查，保证电网的顺利运行。安全班组长应组织班组成员配合冬夏用电高峰的事故应急演练，提高应急队伍的团结协作能力，有针对性地完善物资储备，进一步改进应急预案，保证应急预案的高度可操作性，建立健全对不可抗力或者突发事件引起事故的预警机制，防患于未然。

5. 加强安全责任体系建设

电力企业安全生产工作中，稍一疏忽就可能危及生命，各班组长应增强安全生产责任意识，注重安全责任体系建设，认真地负起安全责任，将安全责任在执行和实施中丰富，真正把安全生产落到实处。

加强安全责任体系建设，必须做到“3 个注重”，把握“2 个重点”。具体如表 8—4 所示。

表 8—4　　增强安全责任意识要求

要求	具体要求说明
坚持 3 个注重	◇注重抓好教育引导，采取集中学习、座谈讨论、安全生产知识培训等方式，增强责任意识 ◇注重强化责任意识，把责任落实到具体的人，将安全生产按责任人、责任对象和责任性质不同，具体落实不同责任 ◇注重搞好宣传教育，通过开展安全生产活动、宣传、竞赛等形式，使讲安全、管安全成为员工的自觉行动，培养安全生产的氛围
把握 2 个重点	◇班组长应自觉提高素质，通过集中培训，培训自己的计划、协调、指挥能力，负责班组安全 ◇推行安全生产目标管理责任制，在安全生产具体实践中，丰富责任制的内涵，拓展责任制的外延，将安全责任落到实处

6. 严格执行规章制度

（1）建立安全生产的法制体系。电力企业应根据《中华人民共和国安全生产法》等一系列法律、法规，确立相应的规章制度，做好各项安全生产技术规范和标准的制定工作。

（2）建立安全工作制度。电力事故在发生时通常是因为现场班组人员缺乏责任心、马马虎虎造成的。因此，电力企业对多发性和重复性的事故应进行认真的总结，形成规定和制度，治理薄弱环节。

（3）加强规章制度执行力度。电力企业应加大安全生产法律法规的执行力度，对违反安全生产规定的人员坚决予以严惩，以保证安全生产法制的严肃性和权威性。

（4）实行安全生产监督制度。电力企业执行上级监督下级的监督制度，即电力企业监督分电力企业和子电力企业。另外，电力企业的安全生产不仅要接受电力企业的内部监管，还需接受政府安全生产监督管理部门的监督。

8.1.2　电力企业事故的识别

1. 电力企业事故分类

班组长应学习电力企业以往的事故案例，掌握电力企业常见的事故知识，并总结教训，避免重蹈覆辙。电力企业事故根据类别，可以分为人身事故、设备事故和电网事故，具体细分如表 8—5 所示。

表 8—5　　电力企业事故分类

事故分类	事故细分
人身事故	坠落、灼（烫）伤、摔绊、扭伤、坍塌、触电、交通意外、夹伤、碰撞、打击、剪切、割伤、刺伤、绞伤、中毒、窒息、咬伤、淹溺、感染、爆炸等
设备事故	设备烧损、设备疲劳损坏、设备性能下降、设备破损、设备报废、设备停运等
电网事故	电压波动、频率波动、系统振荡、系统瓦解、局部停电、大面积停电等

2. 危险源识别程序

电力企业施工现场必须根据工程对象的特点和条件，充分识别各个施工阶段，部位和场所需控制的危险源。识别方法可采用直观经验法、专家调查法、安全检查法等。危险源识别程序如图 8—4 所示。

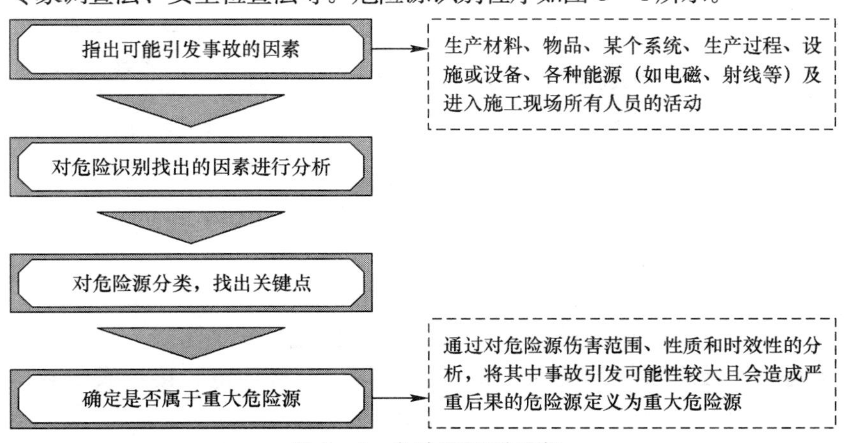

图 8—4　危险源识别程序

3. 事故隐患的识别

班组长在项目开始之前一定要认真检查，防止事故发生。事故隐患识别的项目主要有作业人员的身体素质、精神状态、业务技能、设备状况等，具体如表 8—6 所示。

表 8—6　　电力企业事故识别

识别项目	识别内容	危险事故
身体素质	作业人员的身体状态是否良好，是否有身体不适等现象	人身坠落
精神状态	作业人员是否连续工作，是否有疲劳困乏或情绪异常情况	人身坠落、火灾、触电
主要设备	各项设备是否安装检验完毕，是否无损坏，是否能够正常运转，设备各零部件按要求摆放配制，是否在规定位置，各标识是否清晰可辨	人身坠落、设备损坏
相关器具	相关器具齐全且符合安全要求，按规定摆放，标识清晰，记录详细	人身坠落、设备损伤、工具损坏、延误时间
业务技能	作业人员是否经过岗位培训，是否熟练掌握技术知识和安全知识	无票作业、违规作业、火灾、触电事故
安全防护	装备安全防护措施是否健全且符合要求	人身坠落

8.1.3　电力企业事故的分析

1. 变电运行事故分析

电力企业各班组长和班组成员应掌握变电事故知识。常见的变电运行事故有误接调度命令带负荷拉闸、设备停电、接地人身触电等，事故的原因分析如表 8—7 所示。

表 8—7 变电运行事故及原因分析

事故描述	事故原因分析举例
误接调度命令，带负荷拉闸	◇运行人员责任心不强，业务素质低下 ◇监护人和操作人对各自职责不清晰 ◇操作中断后，重新开始时，未重新核对设备命名并唱票、复诵 ◇监护人和操作人安全意识淡薄，违章现象严重
误操作引起设备停电事故	◇班组操作人员安全意识不强，未认真执行规定 ◇班组操作人员技术素质低下，对主变纵差保护的原理、二次电流回路以及差流的概念模糊不清 ◇安全活动、安全学习敷衍了事，没有吸取以往事故教训 ◇对班组变电运行人员的技能培训尚未取得预期效果
电缆未放电、挂接地导致人身触电	◇班组操作人在未进行放电的情况下，就碰触设备，违反“电缆及电容器接地前应逐相充分放电”的规定 ◇班组操作人员违章单人操作，无人监控

2. 变电检修事故分析

电力企业各班组长和班组成员应掌握变电检修事故知识。常见的变电检修事故有电网事故、开关跳闸、高压试验工作事故等，事故的原因分析如表 8—8 所示。

表 8—8 变电检修事故原因分析

事故描述	事故原因分析举例
检修人员违章作业引起电网事故	◇现场班组长没有认真履行自己的职责 ◇班组长在安排工作时没有考虑工作上的安全措施，未认真开展现场危险点分析和预控工作 ◇班组成员安全意识淡薄 ◇技术和管理人员责任心不强，没有尽到自己的安全管理职责 ◇各级人员安全生产责任制未落实到位、反习惯性违章工作力度小

续表

事故描述	事故原因分析举例
开关跳闸	◇班组成员在现场作业过程中安全意识不强，采取的安全措施不当 ◇班组长作业现场危险点分析和预控措施未做到位 ◇现场作业过程中安全监护不到位
高压试验工作中的事故	◇对工作环境、工具使用等未采取有效的危险点控制措施 ◇对电试工作的安全性考虑欠缺 ◇电试工作班组对工作中的危险点未能提出有效的控制措施

3. 送配线路事故分析

电力企业各班组长和班组成员应掌握送配线路事故知识。常见的送配线路事故有人身触电事故、倒杆事故、高空坠落事故等，事故的原因分析如表 8—9 所示。

表 8—9　送配线路事故原因分析

事故描述	事故原因分析举例
人身触电事故	◇工作前班组未进行现场踏勘，未能及时发现重大事故隐患 ◇工作班组长工作前没有做好补充安全措施 ◇在未进行现场踏勘的情况下，填开工作票 ◇工作许可人未能及时发现被交跨运行中的线路 ◇工作班组成员安全意识淡薄，自我保护意识差
倒杆事故	◇杆子埋深严重不足引起 ◇工作负责主管或班组长明知杆坑埋深不够，强行立杆 ◇班组成员安全意识淡薄，自我保护意识不强 ◇严重违反施工作业票制度和现场勘测制度 ◇负责人或班组长没有对现场进行全过程的监督检查、质量把关 ◇工程的安全技术保证体系没落实

续表

事故描述	事故原因分析举例
高空坠落事故	◇ 工作负责主管违反规定，直接参与工作，对现场失去监护 ◇ 自我保护意识不强，安全意识淡薄 ◇ 登高工器具使用不规范 ◇ 在雨天之后进行高空作业，未及时采取防滑措施 ◇ 作业现场环境恶劣，未能及时清理，坠落位置都是石块、石柱

8.2 电力企业事故急救

8.2.1 电力应急救援知识

1. 触电急救知识

(1) 脱离电源的方法。电力企业班组长应掌握触电急救知识，组织班组成员让触电者及时脱离电源，脱离电源的方法有 6 种，如图 8—5 所示。

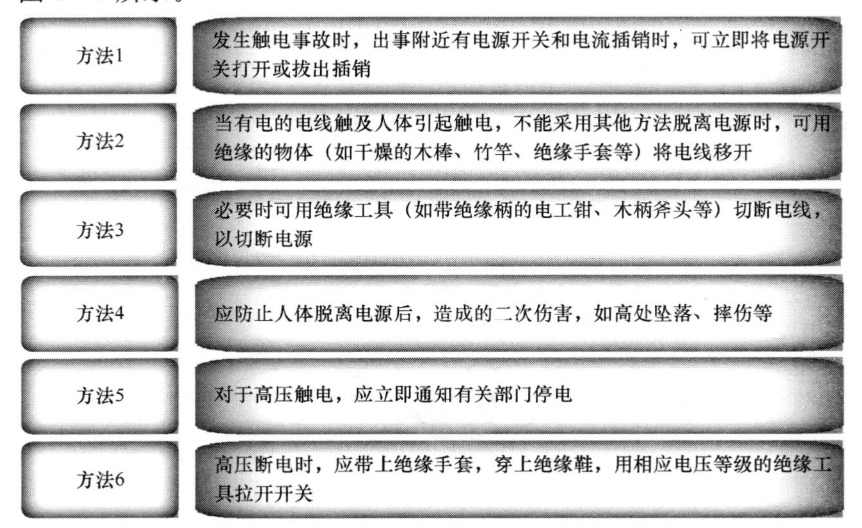

图 8—5 脱离电源的方法

（2）紧急救护常识。班组成员应根据触电者的情况，进行简单的诊断，正确实行人工呼吸和心脏按压，拖延时间、动作迟缓或者救护不当，都可能造成人员伤亡，见表 8—10。

表 8—10　　紧急救护常识

情况观察	具体说明
病人神志清醒	◆病人神志清醒，但感乏力、头昏、心悸、出冷汗，甚至有恶心或呕吐 ◆使病人就地安静休息，减轻心脏负担，加快恢复 ◆情况严重时，应立即小心送往医院检查治疗
病人神智昏迷	◆病人呼吸、心跳尚存在，但神志昏迷 ◆应将病人仰卧，周围空气要流通，并注意保暖 ◆除了要严密观察外，还要做好人工呼吸和心脏按压的准备工作
“假死”状态	◆如经检查发现，病人处于“假死”状态，则应立即针对不同类型的“假死”进行对症处理 ◆如果呼吸停止，应用口对口的人工呼吸法来维持气体交换 ◆如心脏停止跳动，应用体外人工心脏按压法来维持血液循环
方法	**步骤说明**
口对口人工呼吸法	◆反复进行，每分钟吹气 12 次，即每 5 秒吹气一次，操作要点如下图所示 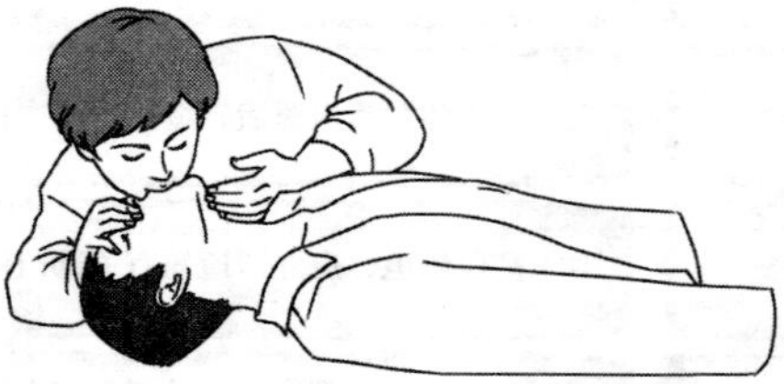 口对口人工呼吸法示意图

续表

方法	步骤说明
体外心脏按压法	◆未进行按压前，先手握空心拳，快速垂直击打伤员胸前区胸骨中下段1～2次，每次1～2秒，力量中等 ◆捶击后，若无效，应立即进行胸外科心脏按压，不能耽搁时间。连续操作每分钟进行60次，即每秒一次，操作要点如下图所示 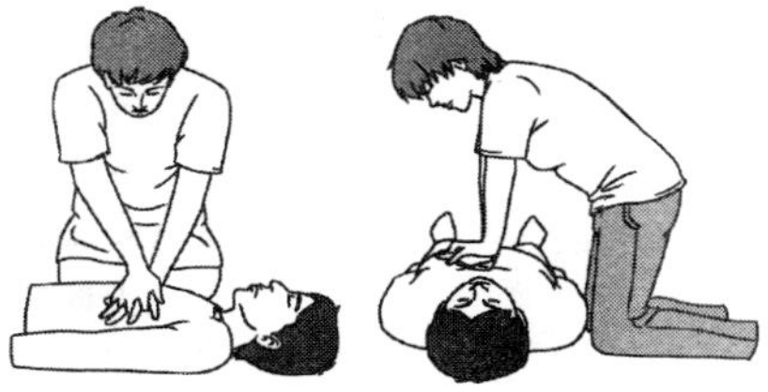 体外心脏按压法示意图
综合方法	◆有时病人心跳、呼吸停止，而急救则只有一人时，可交替进行口对口人工呼吸法和体外心脏按压法，操作要点如下图所示 ◆先吹两次气，立即进行心脏按压15次，然后再吹两次气，再按压，反复交替进行 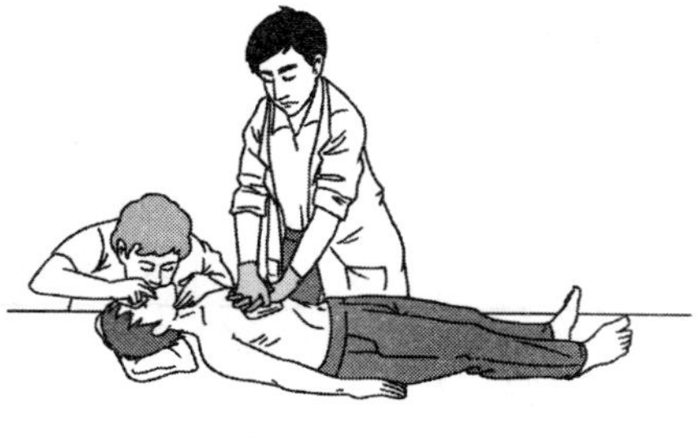

2. 创伤救护知识

电力企业现场生产工作中，创伤也是常见事故，班组长应组织班组成员学习培训创伤的相关知识。创伤分为开放性创伤和闭合性创伤，具体如表8—11所示。

表 8—11　　创伤救护知识

创伤类别	定义	常见创伤	救护说明
开放性创伤	指皮肤或黏膜的破损	擦伤、切割伤、撕裂伤、刺伤、撕脱、烧伤	◆消毒：用清洁水冲洗伤口，用生理盐水和酒精棉球将伤口和周围皮肤清理干净，并用干净的纱布吸收水分及渗血，再用酒精等药物进行初步消毒 ◆止血：在现场处理时，应根据出血类型和部位不同采用不同的止血方法，如直接压迫、抬高肢体、压迫供血动脉、包扎等 ◆烧伤：应先去除烧伤源，将伤员尽快转移到空气流通的地方，除了化学烧伤可用大量流动清水冲洗外，对创面一般不做处理，尽量不弄破水泡，保护表皮
闭合性创伤	指人体内部组织的损伤，而没有皮肤黏膜的破损	挫伤、挤压伤	◆较轻的闭合性创伤，如局部挫伤、皮下出血，可在受伤部位进行冷敷，以防止组织继续肿胀，减少皮下出血 ◆不能对患者随意搬动，需按照正确的搬运方法进行搬运 ◆如怀疑有内伤，应尽早使伤员得到医疗处理；运送伤员时要采取卧位，小心搬运，注意保持呼吸道畅通，注意防止休克 ◆运送过程中，如突然出现呼吸、心跳骤停时，应立即进行人工呼吸和体外心脏按压法等急救措施

3. 火灾急救知识

（1）火灾急救要点。班组长平时就应加强对班组成员的火灾急救知识培训，以确保电力企业发生火灾事故时，班组成员能配合消防小组，及时救护，减少损失。火灾急救的基本要点如图 8—6 所示。

（2）火灾事故救援方法。火灾事故是电力企业中常见的事故类

◆ 及时报警，组织扑救。各班组成员在任何时间、地点，发现起火，立即报警

◆ 集中力量，主要利用灭火器材控制火势

◆ 消灭飞火，组织人力监视火场周围的建筑物，及时扑灭露天物质堆放场所的未尽飞火

◆ 疏散物质，安排人力和设备，将受到火势威胁的物质转移到安全地带

◆ 积极抢救被困人员，熟悉情况的人做向导，积极寻找和抢救被困的人员

图 8—6 火灾急救基本要点

型，班组长应掌握火灾救援方法，并定期配合企业对班组成员进行火灾急救培训。火灾急救的基本方法如图 8—7 所示。

方法1	先控制、后消灭：先控制火势，具备灭火条件时再展开全面进攻，一举消灭
方法2	救人重于救火：灭火的目的是为了打开救人通道，使被困的人员得到救援
方法3	先重点、后一般：保护和抢救重要物资，控制火势蔓延
方法4	正确使用灭火器材：除带电设备外，水是最常用的灭火剂
方法5	人员撤离火场途中被浓烟围困时，应用湿毛巾捂住口鼻，采取低姿势穿过浓烟
方法6	首先疏散通道，然后疏散物资，物资不得堵塞通道

图 8—7 火灾急救基本方法

8.2.2 电力应急救援预案编制

1. 电力应急预案编制要求

为了增强应急预案的科学性、针对性、实效性，电力企业安全责任人编制应急预案时应遵循以下 7 点要求，如图 8—8 所示。

◆ 编制的预案要符合有关法律、法规、规章和标准的规定

◆ 要结合本企业各部门的安全生产实际情况及危险性分析情况进行预案的编制

◆ 应急组织和人员的职责分工应明确，并有具体的落实措施

◆ 有明确、具体的事故预防措施和应急程序，并与各厂应急能力相适应

◆ 编写的预案要有明确的应急保障措施，并能满足应急工作的要求

◆ 预案基本要素齐全、完整，预案附件提供的信息准确

◆ 预案内容与相关应急预案相互衔接

图 8—8 电力应急预案编制要求

2. 应急预案的基本结构

应急预案的基本结构主要包括基本预案、应急功能设置、特殊风险管理、标准操作程序、支持附件等。

（1）基本预案。基本预案是对应急管理的总体描述。主要包括应急的方针、组织体系、应急资源、各应急组织在应急准备和应急行动中的职责、基本应急响应程序以及应急预案的演练和管理等规定。

（2）应急功能设置。应急功能是对在各类重大事故应急救援中通常都采取的一系列基本的应急行动和任务，如指挥和控制、警报、通信、人群疏散、人员安置及医疗等。

应急预案中应急功能设置的数量和类型要因地制宜。针对每一应急功能应确定其负责机构和支持机构，明确在每一功能中的目标、

任务、要求、应急准备和操作程序等。

（3）特殊风险管理。基于重大突发安全事件风险辨识、评价和分析的基础，针对每一种类型的特殊风险，明确其相应的主要负责部门、有关支持部门及其相应承担的职责和功能，并为该类风险的专项预案的制定提出特殊要求和指导。

（4）标准操作程序。标准操作程序按照在基本预案中的应急功能设置，各类应急功能的主要负责部门和支持机构需制定相应的标准操作程序，为组织或个人履行应急预案中规定的职责和任务提供详细指导。

（5）支持附件。支持附件主要包括应急救援支持保障系统的描述及有关图表，如通信系统、信息网络系统、警报系统分布及覆盖范围、技术参考（后果预测和评估模型及有关支持软件等）、专家名录、重大危险源分布图等。

3. 应急救援预案编制程序

（1）成立应急预案编制工作组。在企业安全委员会的组织下成立应急预案编制工作组，其成员和职务如表8—12所示。

表8—12　　应急预案编制工作组职务名称及任职情况

职务名称	任职人员	主要职责
组长	安全总监	◇制订“应急预案编制工作计划”和分配相关人员的工作任务 ◇审核安全部经理提交的“应急预案编制规范”，并进行修正 ◇组织应急预案的内部评审和外部评审工作
副组长	安全部经理	◇拟定“应急预案编制规范”，并提交安全总监审核 ◇撰写“应急能力评估报告”，并提交安全总监
主要成员	安全主管 车间主任 技术工程师 工艺工程师 安全专员	◇收集相关资料 ◇选择合适的风险分析方法 ◇为安全部经理收集撰写“应急能力评估报告”所需的数据资料 ◇负责应急预案的发布工作

（2）收集信息。收集应急预案编制所需的各种资料，主要包括相关法律法规、同行业各公司的相关应急预案、行业技术标准、国内外同行业事故案例分析、公司技术资料等。

（3）危险源与风险分析。在危险因素分析及事故隐患排查、治理的基础上，确定公司的危险源、可能发生事故的类型和后果，进行事故风险分析，并指出事故可能产生的次生、衍生事故，形成分析报告，分析结果作为应急预案的编制依据。

（4）应急能力评估。对电力企业的应急装备、应急队伍等应急能力进行评估，并结合实际情况提升各分公司应急能力。

（5）编制应急预案。编制应急预案的方法如图8—9所示。

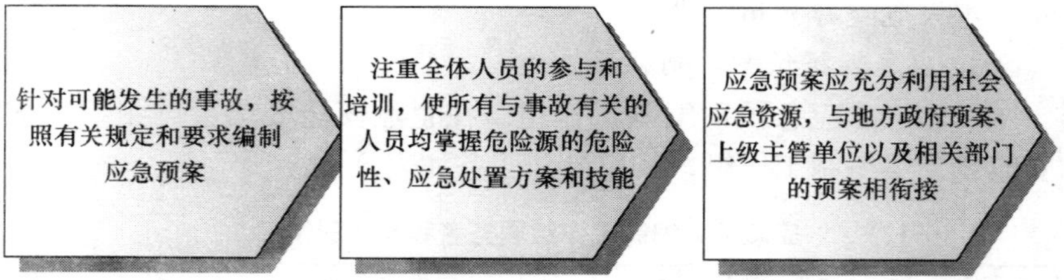

图8—9　应急预案编制方法

（6）应急预案评审。应急预案评审包括内部评审和外部评审。

①内部评审。由公司各分公司预案编制的主要负责人组织有关部门和人员进行。

②外部评审。由公司各分公司所在地的地方政府负责安全管理的部门组织审查。

（7）签署、发布预案。预案评审后，由总经理负责签署并发布。

8.2.3　电力应急救援预案范例

方案名称	电力应急救援预案	编　号	
		执行部门	

一、目的

为了防止和减少电力事故对公司和社会的影响，提高公司在电力事故中的应变能力，尽快控制事态，最大限度地减少事故中的人员伤亡和财产损失，控制危险源，排除现场灾患，消除危险后果，结合本公司实际，制定本救援预案。

二、适用范围

本预案适用于公司处理电力事故、电力设施大范围破坏、电力供应持续危机及人身伤亡等各类事故。

三、编制依据和原则

（一）编制依据

本预案依据国家有关法律、法规和政策，以及电力行业有关规程、标准要求，并结合公司施工生产过程中潜在危险源和事故后果分析而制定。

（二）编制原则

电力应急预案的编制原则如下图所示。

原则1	针对可能造成人员伤亡、财产损失和环境受到严重破坏而又具有突发性的事故、灾害，如触电、机械伤害、坍塌、火灾及自然灾害
原则2	以努力保护人身安全为第一目的，同时兼顾财产安全和环境防护，尽量减少事故、灾害造成的损失
原则3	编制发生紧急情况时的处理程序和措施
原则4	要结合实际，措施明确、具体、具有很强的可操作性
原则5	编制预案应符合国家法律法规的规定

电力应急预案编制原则示意图

四、组织机构及职责

（一）应急救援机构组成

应急救援机构的组织结构图如下所示。

续表

方案名称	电力应急救援预案	编　　号	
		执行部门	

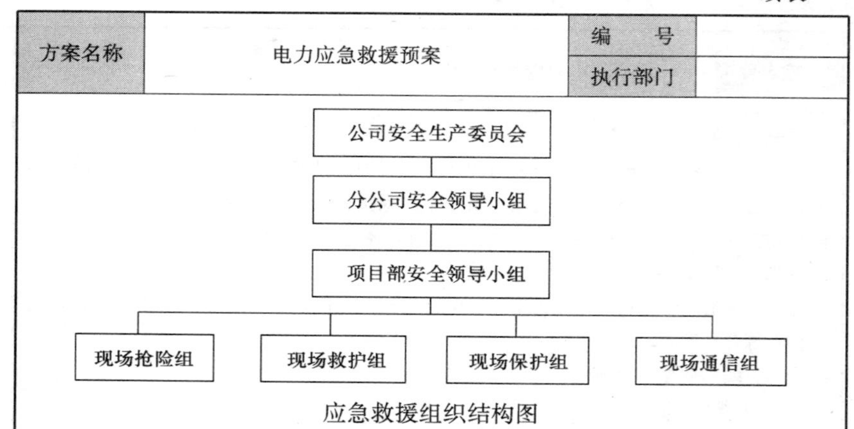

应急救援组织结构图

（二）应急救援机构职责

电力企业应急救援机构的职责如下表所示。

应急救援机构各组职责一览表

组织机构	职责
公司安全生产委员会	◆负责事故救援的整体指挥 ◆负责建立公司网络系统，保证与各分公司、项目部及上级主管部门的联系 ◆负责成立事故调查处理小组，对事故调查处理工作进行监督
分公司安全领导小组	◆负责工程事故救援的全面指挥 ◆负责所需救援物资的落实 ◆负责与公司安全生产管理机构联系及情况汇报 ◆负责与相邻可依托力量的联络求救
项目部安全领导小组	◆负责指挥处理紧急情况，保证突发事件按应急救援预案顺利实施 ◆负责事故现场的抢险、保护、救护及通信工作 ◆负责所需材料、人员的落实 ◆负责与上级安全生产管理机构的联系及情况汇报 ◆负责与相邻可依托力量的联络求救 ◆负责工程项目生产的恢复工作

续表

方案名称	电力应急救援预案	编　号	
		执行部门	

组织机构	职责
事故现场抢险组	◆负责事故现场的紧急抢险工作，包括受困人员、现场贵重物资及设备的抢救、危险品的转移等
事故现场救护组	◆负责事故现场的紧急救护工作，及时组织护送重病伤员到医疗中心救治
事故现场保护组	◆负责事故现场的保护、人员的清点及疏散工作
事故现场通信组	◆负责收集相关单位部门的通信方式，保证各级通信联系畅通，做好联络工作

五、应急救援工作要求

1. 相关人员必须服从统一指挥，整体配合、协同救援。

2. 必须确保应急救援器材及设备数量充足、状态良好，保证遇到突发事件时各项救援工作能正常进行。

3. 各应急小组成员必须落实到人，各司其职，熟练掌握防护技能。

4. 项目部安全领导小组必备的资料与设施应准备齐全。

六、应急处理程序和措施

（一）现场抢救、抢险、抢修控制措施

1. 现场设专人对抢险、救援人员进行监护，一旦有异常情况可能危及抢险救援人员安全时，要通过广播或其他有效信息传输方式，指挥和帮助抢险救援人员沿安全路线撤离。

2. 现场总指挥统一调度应急救援队伍，调度由总指挥或通过通信联络组下达。

3. 受伤人员现场救护。现场人员的救护措施具体如下表所示。

现场人员救护措施表

项目	救护措施及原则
现场急救注意事项	◆选择有利地形设置急救点 ◆做好自身及伤病员的个体防护 ◆防止继发性损害 ◆至少2～3人为一组集体行动

续表

方案名称	电力应急救援预案	编　　号	
		执行部门	

项目	救护措施及原则
现场处理	◆迅速将受伤人员撤离至安全区，先对伤员进行初步检查，按轻、中、重度分类 ◆呼吸停止时进行人工呼吸，心脏骤停进行心脏按压 ◆当人员发生烧伤时，应迅速将伤者衣物脱去，用流动清水清洗降温，用清洁布覆盖创伤面，避免伤口污染，伤者口渴时，可适量饮用清水或含盐饮料 ◆使用特效药物治疗，对症治疗，严重者迅速送医院观察治疗
现场急救的一般原则	◆动作迅速、救治得法 ◆现场开始、坚持到底

（二）预案分级响应条件

班组值班人员或生产人员遇到下列情况时，应立即启动事故应急救援预案。

1. 发生电力线路倒杆、断线、短路严重影响电网安全运行。

2. 发生电气火灾事故。

3. 发生人员触电事故。

七、事故应急救援终止程序

（一）应急救援终止

当事故现场势态被完全控制，确认已无安全隐患时，伤员撤离现场后，由事故现场总指挥确定并宣布应急救援工作结束。

（二）调查报告

1. 现场通信小组通知本公司各相关部门以及事故发生时所涉及的周边社区，发布危险解除的信息。若事故发生时有请求政府协调的程序的，由指挥人员向上级主管部门和当地人民政府报告，危险解除。

2. 事故调查报告和生产恢复工作按正常程序进行。

编制人员		审核人员		批准人员	
编制日期		审核日期		批准日期	

8.2.4　电力重大事故救援程序

1. 事故快报

电力企业重大事故发生后，各相关人员应立即组织抢险，班组成员配合救援人员保护现场，同时，要立即将事故情况上报公司应急领导小组值班室。公司应急领导小组接到重大安全事故信息后，立即按规定上报上级单位。事故快报的基本内容包括但不限于以下内容。

（1）事故发生时间、地点、单位。

（2）事故发生单位和事故报告单位的联系人、联系电话。

（3）事故的简要经过、伤亡人数。

（4）事故发生原因的初步判断。

（5）事故发生后采取的措施及事故控制情况。

（6）事故报告单位、报告时间、报告人。

2. *启动应急预案*

公司应急领导小组接到重大安全事故报告后，根据事故性质和轻重，公司应急领导小组组长决定是否启动应急救援预案，各有关部门和成员按照本预案的职责分工，迅速开展抢险救援工作。

3. *事故现场处理*

重大安全事故应急救援预案启动后，公司应急领导小组及有关部门立即采取以下相应措施进行事故应急救援，同时向上级部门报告。应急领导小组应采取以下措施对事故进行处理，如图 8—10 所示。

◆ 组织抢险队伍和抢险设备按预案实施抢险，控制事态发展确保人员安全、减少财产损失

◆ 指导死亡人员善后处理工作

◆ 安排无关人员迅速撤离至安全地带并妥善保护现场

◆ 在有异常情况可能危及抢险救援人员安全时，指导预案实施的全部或部分停止运行，并与现场人员撤离

◆ 对难以解决的紧急情况及时上报，并作出妥当安排

图 8—10　事故现场处理措施

第9章　班组安全制度与教育

9.1　班组安全制度建设

9.1.1　班组安全制度体系

电力企业班组安全制度体系，即电力企业为了保证生产安全而制定的各项规章制度。一般情况下，班组安全制度体系包括如表9—1所示的内容。

表9—1　　电力企业班组安全制度体系一览表

制度体系	具体制度细分
综合安全管理制度	1. 安全生产管理目标、指标和总体原则 2. 安全生产责任制度 3. 安全管理定期例行工作制度 4. 承包与发包工程安全管理制度 5. 安全措施和费用管理制度 6. 重大危险源管理制度 7. 危险物品使用管理制度 8. 隐患排查和治理制度 9. 事故调查报告处理制度 10. 消防安全管理制度 11. 应急管理制度 12. 安全奖惩制度
人员安全管理制度	1. 安全教育培训制度 2. 劳动防护用品发放使用和管理制度

续表

制度体系	具体制度细分
人员安全管理制度	3. 安全工器具的使用管理制度 4. 特种作业及特殊作业管理制度 5. 岗位安全规范 6. 职业健康检查制度 7. 现场作业安全管理制度 8. 女职工劳动保护规定 9. 班组安全建设管理办法
设备设施安全管理制度	1. 定期巡视检查制度 2. 定期维护检修制度 3. 定期检测、检验制度 4. 安全操作规程
环境安全管理制度	1. 安全标志管理制度 2. 作业环境管理制度 3. 工业卫生管理制度

9.1.2　班组安全制度编写

1. 编写基本要求

电力企业在编写班组安全制度时，应依据国家的法律法规，并结合企业实际情况进行编写，在编写时应注意以下六点基本要求，具体如图 9—1 所示。

2. 班组安全制度架构

编制班组安全制度，要规范班组安全管理，明确班组各成员的职责，对电力企业各项工作作业进行安全规定，保证生产的顺利进行。班组安全制度的架构，如图 9—2 所示。

依法制定结合实际	有章可循衔接配套	科学合理切实可行	简明清晰具体详尽	与时俱进不断完善	文字规范版本统一
电力企业制定的班组安全生产制度应以国家安全生产法律法规为依据，并结合企业实际情况，具有可操作性	班组安全制度要明确班组成员的安全生产职责，并明确履行职责的方法。制度要全面，形成体系，防止出现漏洞	在进行过危险辨识、安全评价的基础上制定安全制度，保证制度的实施能有效控制不安全行为，确保电力企业安全生产	文字表达要简明扼要，清晰易懂。要求和规定要具体，有可操作性，便于班组长及成员掌握和执行	在生产实践过程中要注意总结经验，不断修订完善安全制度。对于事故预防和处理措施，要及时补充进安全制度	制度结构要严谨，逻辑清楚，条款适当，简明扼要。采用公文语言，注意标点符号，文本打印格式要统一

图 9—1　班组安全制度编写基本要求

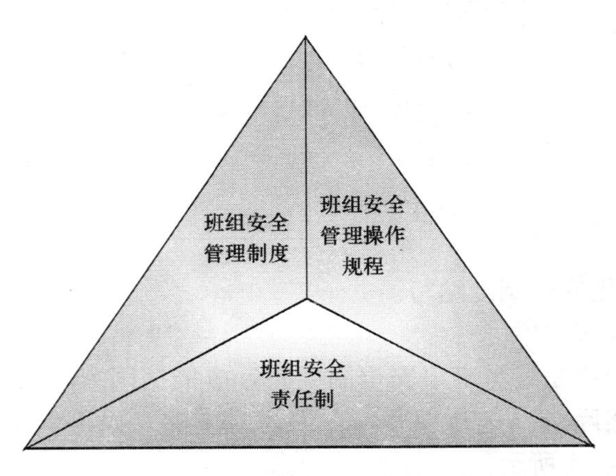

图 9—2　班组安全制度架构示意图

3. 班组安全制度内容

由于电力企业的侧重点不同，专业化程度与规模大小也不同。因此，电力企业班组安全制度中的各项条款也不相同。一般情况下，电力企业班组安全制度的内容，如表 9—2 所示。

表 9—2 电力企业班组安全制度内容一览表

安全制度	具体内容
安全生产责任制度	◆电力企业各级领导、各职能部门、管理人员及各生产岗位的安全生产责任权利和义务等内容
危险源管理制度	◆危险物品的名称、种类、危险性 ◆危险物品使用和管理的程序、手续 ◆危险物品安全操作注意事项 ◆危险物品存放的条件及日常监督检查 ◆危险源定期检测、评估、监控 ◆隐患排查和治理规定
消防安全管理制度	◆消防安全管理的原则、组织机构、日常管理、现场应急处置原则、程序 ◆消防设施、器材的配置、维护保养、定期试验 ◆定期防火检查、防火演练
应急管理制度	◆应急管理部门职责 ◆预案的制定、发布、演练、修订和培训等 ◆明确总体预案，专项预案，现场预案等内容 ◆事故调查程序
现场作业安全管理制度	◆工作联系单、工作票、操作票制度 ◆作业的风险分析与控制制度、反违章管理制度 ◆电气、起重设备、锅炉压力容器、内部机动车辆等设备、装置的安全操作规程 ◆安全工器具的使用管理规定 ◆特种作业的岗位、人员，作业的一般安全措施要求
设备安全管理制度	◆设备种类、名称、数量 ◆设备定时检查维修规定 ◆设备、设施的维护周期、维护范围、维护标准

续表

安全制度	具体内容
安全教育培训制度	◆安全管理知识培训、新员工三级教育培训、转岗培训 ◆新材料新工艺新设备使用培训 ◆特种作业人员培训 ◆岗位安全操作规程培训 ◆应急培训 ◆各项培训的对象、内容、时间及考核标准
安全奖惩制度	◆安全奖惩的原则 ◆奖励或处分的种类、额度

4. 安全制度编制程序

电力企业在编制班组安全制度时，应按照规定的程序，先查找编制的依据，并进行相应的调查，然后再制定各安全制度条款。具体的编制程序如表9—3所示。

表9—3　　安全制度编制程序表

步骤	步骤名称	具体说明
1	组织编写小组	◇电力企业领导组织安全相关部门的经理编制安全制度 ◇车间主任、班组长协助经理编制安全制度 ◇人力资源部组织制度编写小组
2	查找编制依据	◇依据国家下发的有关安全生产规范、安全制度、管理规章制度文件和通知等 ◇根据国家的相关法律法规编写 ◇结合项目工程使用设备、材料、人员等实际情况
3	调查企业实际情况	◇调查电力企业班组的具体实际情况 ◇对班组进行危险辨识
4	制定安全技术措施	◇制定安全变电工作技术措施 ◇制定安全线路工作技术措施

续表

步骤	步骤名称	具体说明
5	拟定制度条文	◇确定各项管理规章制度的内容 ◇按照编制依据及编制内容撰写安全管理规章制度
6	修改定稿	◇征求车间主管、班组长、各班组成员的修改意见 ◇针对修改意见对制度进行修改定稿
7	报批	◇安全制度撰写完成后，应按照文件报批程序进行报批 ◇征求单位领导以及各部门意见，进一步修改完善 ◇经过总经理审批后，方可执行
8	拟文颁布	◇按照发文管理规定，转交人力资源部进行颁布 ◇按要求对制度进行存档

9.1.3 班组安全制度示例

制度名称	班组安全规范管理制度	编　　号	
		执行部门	

第1章　总　　则

第1条　目的。

为了规范班组安全管理，提升班组的自我安全管理能力，推进基层组织的安全文化建设，规范作业，防止和减少电力安全事故，特制定本制度。

第2条　适用范围。

本制度适用于电力企业班组危险辨识、安全标准作业、安全教育培训、安全检查、应急演练等工作。

第2章　班组危险源辨识

第3条　危险源的识别。

各班组每年至少进行一次危险源识别活动，具体的识别方法如下表所示。

班组危险源识别方法表

方法	具体说明
直接判断法	常用于根据标准规范、法律法规做出判断，或在安全检查中发现明确的安全隐患的判断

续表

<table>
<tr><td>制度名称</td><td>班组安全规范管理制度</td><td>编　号</td><td></td></tr>
<tr><td></td><td></td><td>执行部门</td><td></td></tr>
</table>

方法	具体说明
检查表法	班组可自行编制“安全检查表”，根据电力企业安全隐患排查表进行检查，对检查发现的隐患列入危险源

第4条　危险源处理。

班组长应根据本班组识别的危险源结果，建成“危险源清单”。并在每次班组作业时，及时预防和控制这些危险源。

第5条　风险评价和危险源控制。

1. 班组应根据识别危险源结果，制定相应的控制措施和整改措施。

2. 如措施不能消除危险，或部分控制措施、整改措施不能由班组独立完成，应报告至车间。

3. 风险评价等级由班组自行制定，但特殊级别的危险源必须拟订整改方案。

4. 班组负责的危险源，制定了各项措施仍不能消除其危险性，应编制应急预案。

第6条　每个班组成员都应参与危险源辨识工作，并且翔实记录每一次危险辨识活动，根据情况动态更新危险源清单。

第7条　班组须对员工进行班组危险源及控制措施培训，确保全员掌握班组危险源及控制措施。

第3章　班组安全作业

第8条　每次作业前，班组长必须召开班前会开展危险预先分析、安全防护措施落实和作业安全提示等工作。具体内容如下表所示。

班前会安全提示内容表

提示项目	具体内容
危险预先分析	◆作业标准中未明确的操作方法和安全注意事项 ◆生产或检修作业方式发生的变化 ◆生产设备、安全装置设施、工器具或作业环境发生的变化 ◆设备检修、维修及设备故障应急处理以及已发生过的事故案例 ◆本作业类型相同、相似等情况

续表

制度名称	班组安全规范管理制度	编　号	
		执行部门	

提示项目	具体内容
安全防护措施	◆劳保用品的穿戴 ◆需审批的作业是否获得批准及措施是否落实
安全注意事项	◆对于不便于在动作要领中阐述，但可能影响人身安全、行车安全的事项，要予以说明

第 9 条　班前会的范围不仅包括本班组员工，还包括涉及本作业其他部门的员工及承包商员工。

第 10 条　作业过程管理。

1. 作业前，班组长必须按照标准工艺卡或班前会的要求，检查安全措施落实情况。

2. 多人作业或交叉作业时，班组应安排专业人员监护。

3. 危险部位、有毒有害作业场所、易燃易爆生产场所、高处作业场所、特种作业场所等应按照电力企业相关安全管理要求及操作规程，由班组长或班组安全员组织施工，重点控制。

4. 作业过程中，如出现安全预先分析未预计的情况或设备出现故障，班组作业人员均应立即停止作业并采取应急措施，并报告项目主管人员。

5. 作业过程中，应加强联系确认和过程监督检查，严格落实各项作业标准和安全措施。

6. 作业完成后，项目主管人员必须对作业质量及出现的情况进行检查确认，如电力设备应邀请设备管理员进行确认完成情况或共同验收。

第 11 条　每次作业完成后，必须召开会议对作业情况进行总结，应包括安全措施执行落实情况、作业质量情况、作业新出现的危险因素以及作业经验交流等。

第 4 章　班组安全检查

第 12 条　班组长或班组安全员应每周至少组织一次安全检查。

第 13 条　封存、闲置期超过 30 天或因故障停用的设备，在使用前必须进行全面的检查，确认无事故隐患后方可使用。

第 14 条　班组成员对所分管区域、设备负有安全检查责任，班组长要检查班组成员安全检查责任落实的情况及效果。

续表

<table>
<tr><td rowspan="2">制度名称</td><td rowspan="2">班组安全规范管理制度</td><td>编　　号</td><td></td></tr>
<tr><td>执行部门</td><td></td></tr>
<tr><td colspan="4">

第 15 条　班组安全检查发现的事故隐患，应尽快进行整改，特殊情况须上报车间整改。

第 16 条　班组应对检查活动、事故隐患及整改情况、临时安全控制措施制定情况作详细记录。

第 17 条　班组长、安全员要对班组人员劳保用品穿戴、作业、现场及设备设施运行等情况进行严格检查，发现有问题要立即对其进行教育并要求立即整改。

第 5 章　班组应急演练

第 18 条　班组应根据危险源控制情况、设备技术状态及员工应急知识和技能，有针对性地制定班组应急预案。

第 19 条　班组演练至少每月进行一次。

第 20 条　当员工作业过程中发生险情，危及安全，应第一时间向调度中心报告，并启动相应的应急预案程序。

第 21 条　班组演练须填写“演练实施记录表”。

第 6 章　班组安全教育培训

第 22 条　对于新员工，应进行“班组级”教育培训。

第 23 条　对工伤、病愈复工或经过半年以上的假期后的员工，应进行复工安全教育。

第 24 条　班组安全教育培训的具体要求，如下表所示。

安全教育培训要求表

<table>
<tr><th>项目</th><th>具体要求</th></tr>
<tr><td>规程制度培训</td><td>月度安全教育培训的内容应包括岗位安全技术操作规程、作业标准和安全基础知识、典型事故案例、新增危险源及其控制措施、上级印发的通知、制度等</td></tr>
<tr><td>实践培训</td><td>针对班组日常操作中存在的问题，开展标准化模拟演练、示范操作、动作纠偏、违章违规危险性分析等形式的实践教育活动</td></tr>
</table>

第 25 条　班组应结合电力企业的实际情况，每月应定期开展日常性安全培训教育活动。

</td></tr>
</table>

续表

制度名称	班组安全规范管理制度	编　号	
		执行部门	

第 26 条　班组培训结束后，需对培训学员进行考核考试，各类考试必须为闭卷考试，不合格者要重新进行培训并考核。

第 27 条　班组应对每位培训学员的培训教育成绩做记录，并保存归档。

第 7 章　附　　则

第 28 条　本制度由车间主任负责制定、解释和修订。

第 29 条　本制度需报总经理审批通过后颁布生效。

编制人员		审核人员		批准人员	
编制日期		审核日期		批准日期	

9.2　班组安全教育管理

9.2.1　班组三级安全教育

电力企业三级安全教育指公司级安全教育、车间级安全教育和班组级安全教育。

1. 公司级安全教育

新员工到达电力企业分配单位后，由单位安全员陪同其到人力资源部领取“三级安全教育卡”及试卷，安全部门负责对其开展公司级安全教育。领取的“三级安全教育卡”，具体如表 9—4 所示。

表 9—4　　三级安全教育卡

姓名		性别		年龄		文化程度	
进厂日期		体检情况		工种		分配单位	
三级教育	工厂教育内容		车间级教育内容		班组级教育内容		
	教育起止日期		教育起止日期		教育起止日期		
	考试成绩		考试成绩		考试成绩		
	主考人（签字）		主考人（签字）		主考人（签字）		

续表

姓名		性别		年龄		文化程度	
进厂日期		体检情况		工种		分配单位	
师徒合同号		师傅签名				部门主管	
考试合格证号		发放日期				主办人	
个人态度			工厂人力资源部意见				
准上岗人意见			领导意见（签字）				
备注							

新员工进入电力企业后，安全部门需对其进行公司级安全教育，公司级安全教育时间一般设定为两天，其内容如图 9—3 所示。

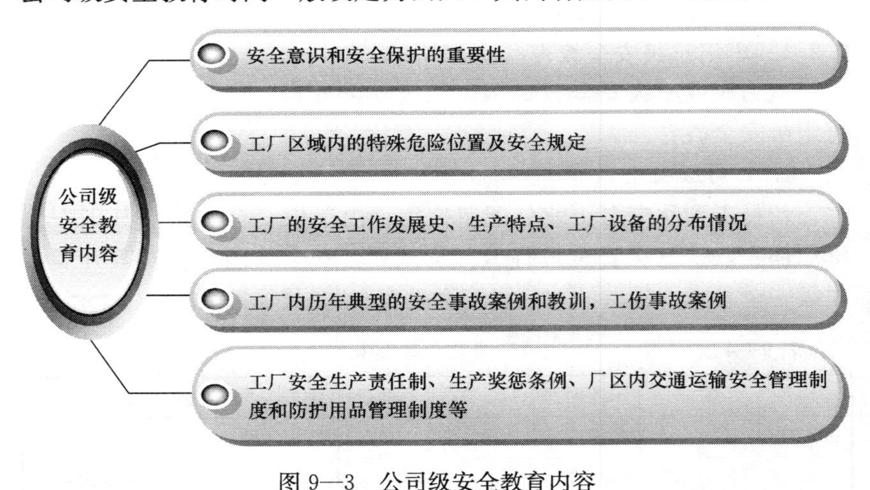

图 9—3　公司级安全教育内容

2. 车间级安全教育

新员工调入车间后，由车间主任负责对其开展安全教育。车间级安全教育的时间一般设定为一天，车间级安全教育的内容如图 9—4 所示。

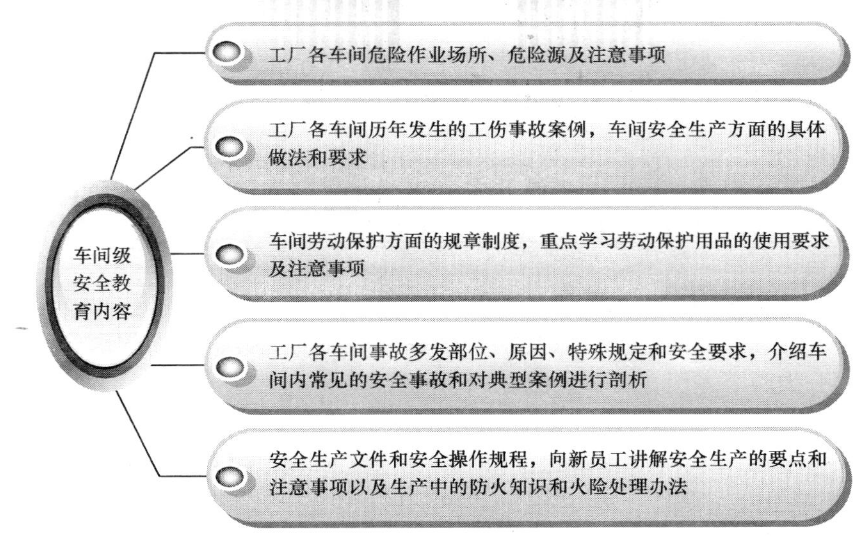

图 9—4 车间级安全教育内容

3. 班组级安全教育

新员工进入车间班组时，由班组长或班组安全员负责对其开展班组级安全教育，班组级安全教育时间一般设定为半天，其具体内容如图 9—5 所示。

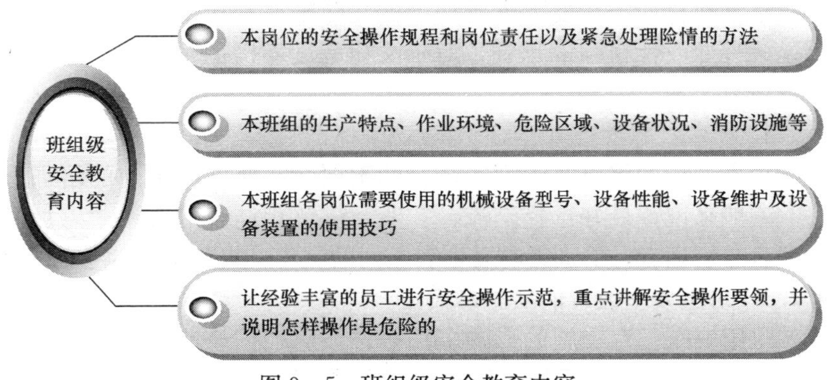

图 9—5 班组级安全教育内容

9.2.2 班组安全教育计划

电力企业班组安全教育培训计划主要包括目标的确定、人员的确定、教材的选定、方法的选定四项内容。

1. 确定教育培训目标

安全培训目标的制定需要考虑企业自身的关注方向、受训者的背景，以及培训场所的情况等。只有制定合理的培训目标，才能顺利地达到培训效果。

2. 确定教育培训人员

培训者的确定主要取决于安全教育培训的内容。培训的内容主要分为两个方面，具体如图 9—6 所示。

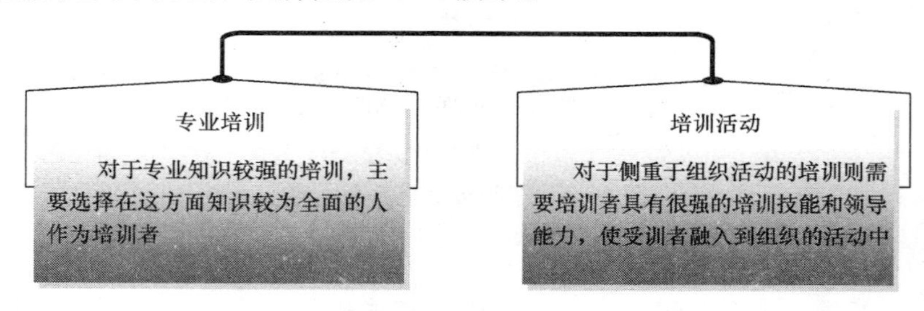

图 9—6 教育培训内容

3. 确定教育培训教材

培训教材的选择要考虑受训者的文化程度和接受程度。安全培训是一种专业性很强的培训，对于文化程度不同的受训者，选择的培训教材是不同的。

4. 确定教育方法

根据课程的需要及受训者情况的不同，需要选择不同的培训方法。一般来说，最好选择交流、实践、讲解相结合的方法。以加深受训者与培训者、受训者与受训者之间的交流，提升培训的参与性。

9.2.3 班组安全教育的实施形式

班组安全教育实施的形式多种多样，应根据企业生产、班组人员、企业条件等情况采取不同的教育形式。

1. 按照教育方法划分

班组安全教育形式按教育方法，可以分为学习讲座、事故分析、经验分享、安全活动日、开展文化娱乐竞赛活动、参观学习等，具体如表 9—5 所示。

表 9—5　　基于教育方法的班组安全教育形式分类

安全教育形式	具体说明
学习讲座	◇集合车间全体职工或班组全部成员，由车间领导或班组长或外请专家讲课，传授安全知识和技能 ◇主要用于讲解国家的安全生产方针、政策、法律、法规，学习有关生产和安全的理论知识和技能，如对特种作业人员的安全技术培训 ◇针对事故状况、安全规则、保护措施等问题进行专题讲座，使员工与讲解人有直接接触交流的机会，可以加强宣传教育的效果
事故分析	◇针对某个案例进行分析，同时引申出这一类案例的共性特点 ◇通过讨论、分析，可以加深或正确理解某一问题，可以从已经发生的事故中引出可以吸取的教训，引以为戒
经验分享	◇有经验的员工将自身经历的或看到的有关安全方面的经验、做法或事故等总结出来，在一定范围内进行介绍和讲解，使事故经验得到分享、典型经验得到推广 ◇主要有安全做法分享、事故教训分享和不安全行为分享 ◇安全经验分享的形式分为直接讲述故事、口述加多媒体和图片、制作板报、宣传栏等
安全活动日	◇安全活动日是提高班组成员安全思想意识的最佳途径之一，也是对生产班组成员进行安全教育培训的主课堂 ◇活动可以包括举办展览、放映电影、示范表演、展开竞赛、讨论等
文化娱乐竞赛活动	◇通过举办文艺演出、演讲、书法美术展览、智力竞赛、消防运动会、操作技能比赛等活动，寓安全教育于各种活动之中 ◇将安全竞赛列入企业的安全计划中去，给优胜者予以奖励

续表

安全教育形式	具体说明
参观学习	◇通过观摩取经、参观学习，可以学到其他单位、兄弟班组在安全生产方面的成功经验和动人事迹，借以推动本车间、本班组的安全工作

2. 按照教育时间划分

根据班组安全教育的时间不同，可将安全教育形式分为集中教育和经常性教育。集中教育是利用相对集中的一段时间，进行较为系统的安全教育；经常性教育是对全体职工开展的多种形式的日常的安全教育。具体说明如表 9—6 所示。

表 9—6　　按照教育时间划分的安全教育形式

划分形式	教育内容	优点	缺点
集中教育	学习国家的安全生产方针、政策、法律法规，本单位的生产、工艺、设备知识以及安全规章制度，各工种的安全操作规程和技能等	通过集中安全教育，能使职工比较全面、系统地掌握必要的安全知识和技能	集中教育不能占用大量的工作时间，而要合理安排，见缝插针，如利用设备大修期间操作工的工作量普遍较少的时机
经常性教育	利用各种机会（如班前班后会、发现职工有不安全行为和思想时、节假日前后、事故发生后等）开展生动活泼的安全生产教育	时间短，针对性强，实行后容易收到效果，且印象较深，时时唤起人们强烈的安全意识和对事故的警觉，能起到警钟长鸣的作用	容易使员工产生厌烦心理

3. 按照作业人员划分

班组作业人员有普通工种作业人员、特种作业人员。由于作业种类的不同，作业人员应接受的安全教育形式也各不相同，具体如表 9—7 所示。

表 9—7　　按照作业人员划分的安全教育形式

作业人员分类	作业工种说明	安全教育形式
普通工种作业人员	作业人员从事的工种对本人或他人以及周围的设备、环境等不具危险性或危险性较小	三级安全教育
特种作业人员	特种作业对操作者本人以及对他人和周围设施的安全有重大危险因素	三级安全教育、专门的安全技术训练、实际岗位操作训练、复训教育

9.2.4 班组安全教育的实施内容

1. 安全法律法规教育

国家的安全法律法规是企业进行安全管理的依据。电力企业应加强员工的法律法规教育，使其严格按照其规定的标准和规范操作。

班组长需起到带头作用，学习与电力企业安全相关的法律法规，加强安全监督管理，防止和减少电力安全事故，保障班组成员的生命和财产安全。各班组所需学习的安全法律法规如图 9—7 所示。

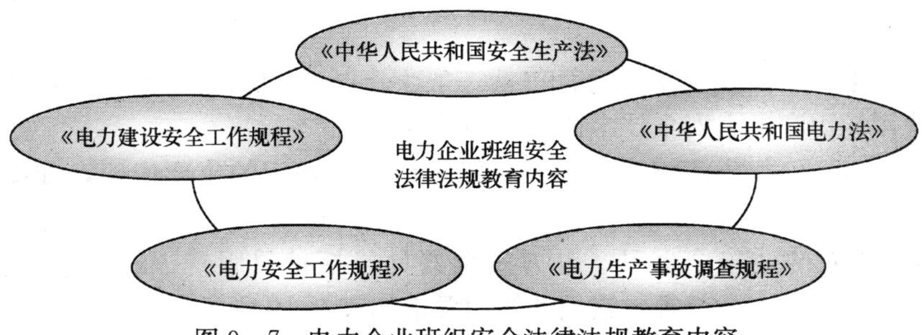

图 9—7　电力企业班组安全法律法规教育内容

2. 劳动保护政策教育

安全劳动保护政策是指国家行政机关依法制定和发布的有关劳动保护的相关政策法规。企业需组织培训人员对班组成员进行相应的劳动保护政策的教育培训，使员工安全作业，确保员工的人身安全。具体的安全劳动保护政策内容，如表 9—8 所示。

表 9—8　安全劳动保护政策的内容

政策法规	具体说明
企业安全卫生规范	◇对工厂安全、卫生设施和管理方面的一些共同性的问题提出的要求、规定
施工现场临时用电安全技术规范	◇此规范对用电管理、施工现场与周围环境、接地与防雷、配电室及自有电源、配电线路、手持电动工具及照明等提出了详细的安全要求
工人职员伤亡事故报告规程	◇对发生伤亡事故调查处理的程序、事故报告、处理和统计分析，以及企业、企业主管部门和劳动部门贯彻执行规程的任务等作了规定
消防条例	◇该条例是加强消防工作，保护公共财产和人民生命财产安全的重要法规，也是企业安全生产的重要法规
女职工的劳动保护规定	◇该法规保护女职工在劳动方面的权益，减少和解决女职工在劳动中因生理因素造成的特殊困难

3. 安全技术教育

电力企业安全技术教育包括一般生产技术知识、电力安全器具使用知识和电力安全技术措施等的教育。

（1）一般生产技术知识。一般生产技术知识的主要内容，如图 9—8 所示。

（2）电力安全器具。电力安全器具包括护目眼镜、绝缘手套、绝缘靴以及安全带等，它们的使用要求如表 9—9 所示。

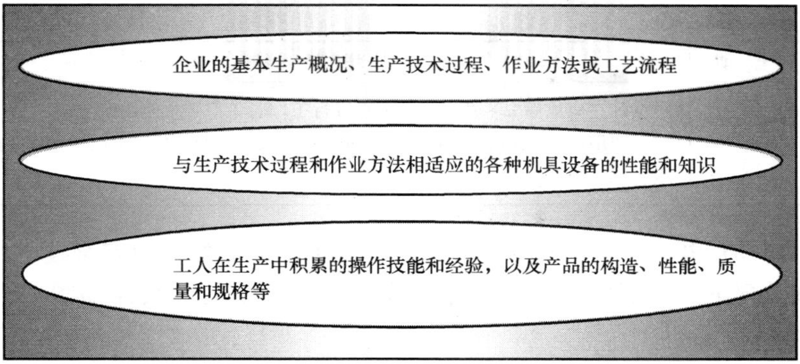

企业的基本生产概况、生产技术过程、作业方法或工艺流程

与生产技术过程和作业方法相适应的各种机具设备的性能和知识

工人在生产中积累的操作技能和经验，以及产品的构造、性能、质量和规格等

图 9—8　一般生产技术知识

表 9—9　电力安全器具使用要求表

安全工具	具体使用情况及说明
绝缘手套	◇当高压设备发生接地或接触设备的外壳和构架时，应使用绝缘手套 ◇高压验电必须戴绝缘手套 ◇拉合刀闸或经传动机构拉合刀闸和开关时，应使用绝缘手套 ◇带电水冲洗作业时应戴绝缘手套 ◇电缆实验过程中应戴绝缘手套 ◇更换实验引线时需佩戴绝缘手套 ◇使用钳形电流表进行测量时需戴绝缘手套
护目眼镜	◇装卸高压可熔保险器，应戴护目眼镜
绝缘棒	◇装设接地线必须先接地端，后接导体端，接地线必须接触良好，拆接地线的顺序与此相反，装拆接地线均应使用绝缘棒
绝缘靴	◇雷雨天气需要巡视室外高压设备时，应穿绝缘靴，并不得靠近避雷器和避雷针 ◇高压设备发生接地时，室内接近故障点 4 米以内，室外接近故障点 8 米以内，必须穿绝缘靴 ◇雨天操作室外高压设备时，应穿绝缘靴 ◇接地电阻不合格，晴天操作巡视设备应穿绝缘靴 ◇在转动的发电机、同期调相机回路上进行不停机紧急处理，装拆接地线时应穿绝缘靴 ◇在转动的发电机转子电阻回路上工作应穿绝缘靴

续表

安全工具	具体使用情况及说明
安全带	◇凡在离地面2米及以上的地点进行工作时，都必须使用安全带 ◇使用前进行检查，并不得低挂高用，安全带必须系挂在牢固的构件上

（3）电力安全技术措施。班组长对班组成员的电力安全技术措施教育主要从变电工作和线路工作两个方面进行，具体如图9—9所示。

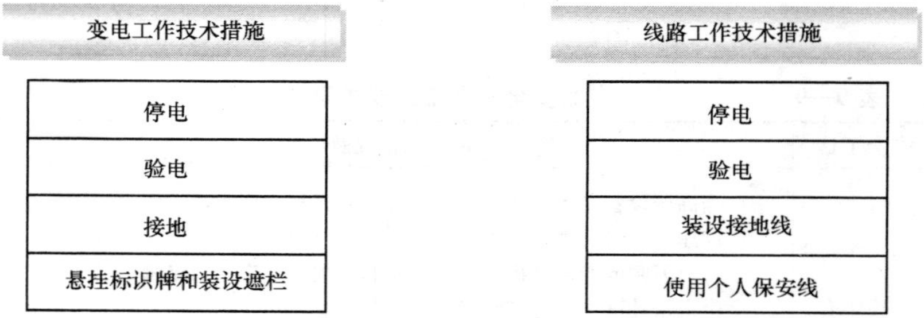

变电工作技术措施	线路工作技术措施
停电	停电
验电	验电
接地	装设接地线
悬挂标识牌和装设遮栏	使用个人保安线

图9—9　电力安全技术措施内容

4．典型事故案例教育

典型安全事故报告是班组长进行安全教育的良好教材，它对过去发生的电力安全事故进行了详细的分析以及应对措施。组织员工对电力事故案例进行学习，可以了解过去，防患于未然。对班组成员进行安全教育的作用如下。

（1）提高员工的分析能力。

（2）增强员工的安全意识。

（3）加深员工对事故对策的理解，使对策能有效落实。

（4）有利于标准的遵守，防止类似事故再次发生。

9.2.5　班组安全教育效果的评估

电力企业对班组各成员进行完安全教育后，应对其进行全面评估，检查班组各成员的培训情况和效果，保证经过培训的员工都能够对电力安全有深刻认识，并且在作业过程中遵循安全操作规定，安全生产，减少甚至杜绝各类电力事故的发生。

1. 安全教育考试试题

电力企业对班组安全教育进行评估时，可采用考试的形式，试卷的设计应合理有效，试题比例如图 9—10 所示。

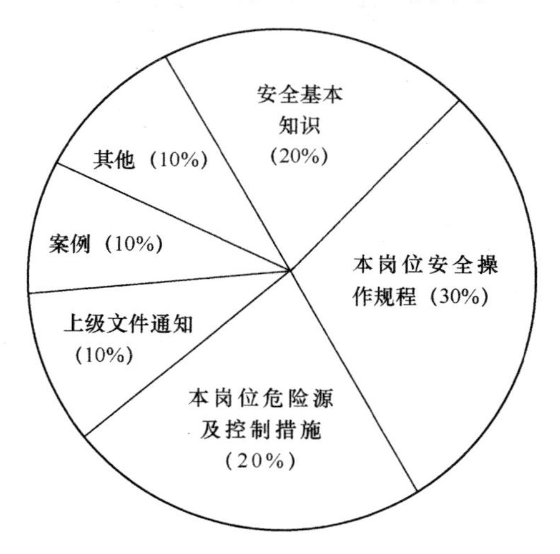

图 9—10　考试试卷各知识比例组成示意图

试题的示例如下。

<table>
<tr><td rowspan="2">文案名称</td><td rowspan="2">××电力企业安全教育考试试题</td><td>编　号</td><td></td></tr>
<tr><td>执行部门</td><td></td></tr>
<tr><td colspan="4">姓名：________　单位：________　成绩：________</td></tr>
<tr><td colspan="4">一、填空题（每题 2 分，共 20 分）
1. 三级安全教育制度是企业安全教育的基础制度，三级教育是指________、________、________。
2. 我国的安全生产方针是________、________、________。</td></tr>
</table>

续表

文案名称	××电力企业安全教育考试试题	编　号	
		执行部门	

姓名：＿＿＿＿＿＿＿＿　单位：＿＿＿＿＿＿＿＿　成绩：＿＿＿＿＿＿＿＿

3. 当今世界各国政府采取强制手段对本国公民实施的三大安全主题是＿＿＿＿、＿＿＿＿、＿＿＿＿。

4. 我国的消防工作方针是＿＿＿＿、＿＿＿＿、＿＿＿＿。

5. 高空作业安全用具有＿＿＿＿、＿＿＿＿、＿＿＿＿。

6. 引起电气火灾的原因有＿＿＿＿、＿＿＿＿、＿＿＿＿、＿＿＿＿、＿＿＿＿、＿＿＿＿、＿＿＿＿。

7. “三不伤害”指的是＿＿＿＿、＿＿＿＿、＿＿＿＿。

8. 危险识别和评价考虑的因素有＿＿＿＿、＿＿＿＿、＿＿＿＿。

9. 生产过程中的“三违”现象是指＿＿＿＿、＿＿＿＿、＿＿＿＿。

10. 职业病防治工作坚持＿＿＿＿、＿＿＿＿的方针，实行＿＿＿＿、＿＿＿＿。

二、选择题（每题2分，共10分）

1. 国家标准中规定的四种安全色是（　　）

A. 红、蓝、黄、绿　　B. 红、蓝、黑、绿

C. 红、青、黄、绿　　D. 白、蓝、黄、绿

2. 电焊作业可能引起的疾病主要有（　　）

A. 电焊工尘肺　　B. 气管炎

C. 电光性眼炎　　D. 皮肤病

3. 漏电保护装置主要用于（　　）

A. 减小设备及线路的漏电　　B. 防止供电中断

C. 减少线路损耗　　D. 防止人身触电事故及漏电火灾事故

4. 在密闭场所作业（氧气浓度为18%，有毒气体超标并空气不流通）时，应选用的个体防护用品为（　　）

A. 防毒口罩　　B. 有相应滤毒的防毒口罩

C. 供应空气的呼吸保护器　　D. 防尘口罩

5. 在下列绝缘安全工具中，属于辅助安全工具的是（　　）

A. 绝缘棒　　B. 绝缘挡板

C. 绝缘靴　　D. 绝缘夹钳

续表

<table>
<tr><td>文案名称</td><td rowspan="2">××电力企业安全教育考试试题</td><td>编 号</td><td></td></tr>
<tr><td></td><td>执行部门</td><td></td></tr>
<tr><td colspan="4">姓名：________ 单位：________ 成绩：________</td></tr>
<tr><td colspan="4">三、简答题（每题10分，共40分）
1. “止步，高压危险！”标识牌的颜色、字样有何要求？应悬挂在什么处所？
2. 什么叫反送电？有什么危害？
3. 哪些行为属于窃电行为？
4. 什么叫倒闸？什么叫倒闸操作？
四、问答题（每题15分，共30分）
1. 电力安全注意事项应包括哪些内容？
2. 怎样安装和拆除接地线？</td></tr>
</table>

编制人员		审核人员		批准人员	
编制日期		审核日期		批准日期	

2. 实践操作评估

除了在安全教育培训结束后对其进行试卷考试评估的方式外，还可以采取实践操作评估的方法，实践操作评估可以更具体地评价学员的实践操作能力，一般这种评估用于在新员工的生产实践作业当中，不独立作为评估的一项。

目前，有些电力企业针对特种作业人员进行专门的实践操作评估，以提高作业的安全性，减少或杜绝电力安全事故的发生。

3. 安全教育评估报告的内容

对安全教育评估结束后，应形成评估报告，以报告的形式向上级汇报。评估报告的内容一般如表9—10所示。

表9—10　　安全教育评估报告内容表

评估报告结构	具体内容
安全教育培训主题	本次安全教育培训的主题
评估信息	评价时间和地点、主持人、参加人员、评价标准、评价方式等
教育培训信息	参加教育培训人员、部门及车间班组情况、人数、安全教育形式
评估内容	1. 安全教育对员工安全知识掌握的影响 2. 安全教育对员工工作质量的影响 3. 员工对技术规范、安全操作规程的执行情况 4. 员工解决安全问题的能力
存在的问题	总结本次班组安全教育中存在的问题
整改措施	针对安全教育中存在的问题，提出整改措施，以便在以后的安全教育培训中做出改善

9.2.6　班组安全教育档案的建立

班组成员的安全教育培训需建立档案，并对档案进行统一管理，以便进行安全检查。

1. 安全教育档案的内容

安全教育档案根据教育学员不同、教育培训类别不同进行归档保存。主要包括新员工的三级安全教育、特种作业人员培训教育、班组长教育等教育档案。档案的具体内容，如表9—11所示。

表9—11　　安全教育档案内容一览表

档案项目	具体说明
员工基本概况档案	◇包括员工的个人信息、工作经历、岗位变更记录等
新员工的三级安全教育档案	◇包括企业级、车间级和班组级培训教育档案

续表

档案项目	具体说明
特种作业人员培训教育档案	◇对特种作业人员的教育培训记录建立的档案
班组长教育档案	◇针对班组长接受教育建立的档案
复工教育档案	◇针对长期停止作业员工重新回到工作岗位进行的教育而建立的档案
变换工种教育档案	◇针对岗位调动转换的员工教育建立的档案
“四新”教育档案	◇指采用新工艺、新材料、新设备、新产品时或员工调换工种时，进行新操作方法和危险性工作岗位的安全教育，对此类教育建立的档案
职业健康安全教育档案	◇对职业健康安全教育培训活动建立的档案
全员教育档案	◇针对电力企业所有员工参加的教育培训项目而建立的档案

2. 安全教育档案的管理

班组长须对本班组成员的安全教育资料进行汇总整理，递交给企业档案管理员。安全教育档案管理员必须定期对安全教育的相关文件、检查资料、考核评估资料进行分类存档，并做好各类安全教育档案和资料的接收、保管工作。安全教育档案的管理主要包括资料的归档、档案的保存、借阅、复制和保密工作，其具体的工作内容如表9—12所示。

表 9—12　　安全教育档案管理

管理事项	工作内容
资料的归档	◆企业对于每个班组人员的教育培训都需进行记录 ◆安全记录的种类、格式应按国家、行业、地方和上级的有关规定确定 ◆专职或兼职安全资料员，需及时收集整理安全资料，并装订成册，进行归档保存 ◆安全资料员需按相关规定对安全资料进行标识、编目和立卷
档案的保存	◆安全资料员需将装订成册的安全资料装入档案盒内，放入资料柜 ◆资料柜应加锁由专人管理 ◆年底将安全教育资料上交公司档案室保管备查
档案的借阅、复制	◆因工作需要班组可查阅、借阅、复制档案 ◆借阅档案必须遵守阅档制度，维护档案的完整和安全 ◆档案不得遗失、污损、涂改、抽拆和转借
档案保密	◆加强防范，做好档案室的保密工作，注意防止失密、失盗和火灾事故 ◆加强对档案室的管理，杜绝腐蚀、潮湿、霉变和虫蛀

第10章　班组安全文化建设

10.1　安全文化认知

10.1.1　安全文化的定义

安全文化的定义可分为狭义和广义两类，具体解析如表10—1所示。

表10—1　安全文化的定义

类型	解释
狭义	主要指人们对安全的认识、理解、态度及对待风险的处理模式和行为准则，主要强调的是“安全精神文化”
广义	包括安全物质文化（安全装置、安全设施等安全技术手段的载体），也包括安全管理（安全制度、安全规程），以及狭义内容

根据上表内容可知，广义的安全文化内容宽泛，而其所包含的安全物质文化和安全管理都是独立的安全领域，因此，班组长应掌握的安全文化应是定义较明确的狭义的安全文化。

10.1.2　安全文化建设的内容

班组安全文化是指一个班组在长期的生产过程中形成的，为多数成员所共同遵循的基本安全信念、安全价值标准和安全行为规范的集合。

优秀的班组安全文化对于班组安全生产的作用非常重要。班组长对此要有充分的认识，学会营造优良的班组安全文化氛围，以适应形势发展的要求。班组安全文化建设的内容主要包括以下四方面的内容。

1. 增强安全意识

安全意识的强弱，直接影响着电力企业生产的安全性，因为供电设备的缺陷、作业环境中的事故隐患，归根结底要依靠员工及时发现和处理，而员工的行为又是受思想意识支配的，安全意识强的人，必然会严格地遵守操作规程和安全规程，正确作业；反之，安全意识淡薄的人，则往往忽视安全、违章作业，导致事故的发生。

所以，必须把培养员工树立牢固的安全意识，作为安全文化建设的重点环节来抓。

2. 提高安全素质

提高班组成员自身业务技术水平和安全防护能力，提高班组成员安全防护意识，鼓励班组成员主动发现安全隐患，防范事故于未然，增强其按规程办事、按制度办事的自觉性，将遵章守纪变为员工的自觉行动，将班组成员的言行融入企业安全的整体氛围。

3. 规范安全行为

建设以人为本的安全生产机制和规章制度体系，建立健全安全生产保障体系、监督体系以及评估体系，推行标准化管理和规范化操作，形成具有强大凝聚力的员工行为规范，用制度文化规范班组成员的作业行为。教育班组成员严格按照每个流程认真贯彻落实安全生产，实现安全生产的可控、能控和在控。

4. 营造安全文化环境

营造安全文化环境有利于班组成员养成自觉遵章守纪的良好习惯。在班组树立“安全第一、预防为主”和“生命至上，安全为天”的安全理念，并建立“零事故”的安全目标口号。

班组可以通过在作业区域内悬挂张贴规范、醒目的安全标语、口号、警示牌，营造良好的安全氛围，时刻提醒班组成员遵章守纪、珍惜生命、珍视安全。

10.1.3 安全文化建设的原则

班组安全文化建设的最终目标是通过班组安全文化建设，强化全班组成员的安全生产意识，营造班组安全生产氛围。企业在安全文化建设时，应遵循“三个注重”的原则，即重视过程、重视实效、重视关键。具体的安全文化建设原则，如表10—2所示。

表10—2 安全文化建设的原则

原则	具体说明
全面参与的原则	坚持党政齐抓共管、各部门联合推动，创造有利的安全文化建设环境
创新与经验结合的原则	既要总结现实的优秀文化，同时要创新和发展，坚持与时俱进、科学发展
前沿与现实结合的原则	既吸收与引进国内外先进观念和做法，同时结合企业自身的实际，考虑其可行性和实操性
逐步推进、持续改进的原则	既吸收与引进国内外先进观念和做法，同时结合企业自身的实际，考虑其可行性和实操性

10.1.4 安全文化建设的功能

仅靠改善生产设施和安全技术并不能保证安全生产，还必须依赖高水平的管理支持和员工配合，而这些都需要由企业安全文化促成。

作为企业重要的无形资产，优秀的企业文化具有传统管理无法替代的功能，安全文化作为企业文化的一种，其具体功能作用主要包括导向功能、凝聚功能、激励功能、约束功能及规范行为功能五种，具体说明如表10—3所示。

表10—3 安全文化建设的功能

功能	具体说明
导向功能	◇企业文化提倡、崇尚什么，将通过潜移默化的作用，使员工的注意力逐步转向企业所提倡、崇尚的内容，接受共同的价值观念，从而将个人的目标引导到企业目标上来
凝聚功能	◇安全文化本身是企业在生产中形成的得到普遍认同的安全价值观念，这种共同的安全价值观念促使企业每位员工朝着共同的安全目标努力，因此，安全文化具有与生俱来的凝聚作用

续表

功能	具体说明
激励功能	◇企业安全文化能通过发挥人的主观性、创造性、积极性、智慧力，使员工内心产生一种情绪高昂、奋发进取的反应
约束功能	◇企业安全文化对企业员工的思想和行为具有约束和规范作用，通过文化的功能使信念在员工心理深层形成一种定势，构造一种响应机制
规范行为功能	◇安全文化的导向、凝聚、激励、约束等四项基本功能，最终将通过行为得以表现；因此，建设企业安全文化的意义是通过提高员工的安全文化素质来规范其行为

10.1.5 安全文化建设的作用

安全文化作为企业文化建设的重要组成部分，逐渐被越来越多的企业所重视，并积极运用于推动企业管理水平的全面提高。安全生产管理作为现代企业文明生产的重要标志之一，在企业管理中的地位与作用日趋重要。

就企业而言，安全生产事关经济效益的提高，事关企业的可持续、健康发展和管理水平的全面提升。就员工而言，安全事关生命，是员工的第一需求。安全文化是为安全生产服务的，综合企业和员工对安全生产的要求，安全文化建设的作用如下所述。

(1) 安全文化建设是一项长期而艰巨的任务，在这个建设过程中，对相关工作的坚持不懈，使企业得以认真研究安全管理方面的问题，并制定出长远的安全管理规划。

(2) 安全文化的全面建设，能够使员工提升安全防范意识，进而提前做好预防准备并付诸实际行动，将事故消灭在萌芽状态。

(3) 随着安全文化建设进度的推进，能够使员工逐步树立全局观，在生产、工作中能从整体利益出发，对生产过程中出现的问题和发生的矛盾，自觉以个体服从集体、局部服从全局的原则来处理与协调好各方面的关系。

（4）安全文化的建设与实施，能够促进广大员工积极参与安全生产技术与管理改革与创新，安全目标、安全计划的制订与实施，发挥他们的积极性、主动性和创造性。与企业协同一致创建具有自身特色的安全文化。

（5）安全文化建设是借文化之力促进安全生产，树立以人为本的经营管理理念，使得管理制度的制定具备更强的可操作性，并且更加人性化。

（6）从源头抓起完善安全文化建设，加大安全生产的科技投入，可以避免随意减少安全生产投入，削减安全成本的短期行为，同时预防安全隐患的产生，提高安全生产管理的效率。

（7）安全文化建设有利于促进安全管理制度的完善和落实。

（8）有利于消除安全隐患，纠正习惯性违章，确保安全操作规程的落实。安全文化建设的逐步完善使得安全隐患更容易被发现并消除，将安全问题扼杀在隐性阶段。

（9）安全文化建设是保证安全投入得到有效回报的保证。安全投入的不足，必然会造成安全设施的缺陷，埋下安全隐患。安全文化建设增强了员工的安全意识，员工主观上要求得到安全保障，这样就容易发现和提出安全设施方面存在的不足和问题。

我们应注意，安全文化建设是一种有效的长期投资。它能促使企业实现管理资源优化整合，达到提高安全生产管理效率和增创经济效益的目的。

10.1.6　安全文化建设的注意事项

建立和健全安全生产责任制和各项安全管理制度是建立安全文化建设的基础。然而在实际工作中，往往存在着两个方面的问题，需要安全文化管理人员注意。具体如图10—1所示。

规章制度可以通过以往的工作经验和借鉴成功企业案例，结合自身的实际情况和具体需要，循规蹈矩逐步完善。

更多的企业面临的是制度在生产生活中的落实问题，也就是执行力的问题显得更为突出。落实制度说到底就是一种责任感，而责

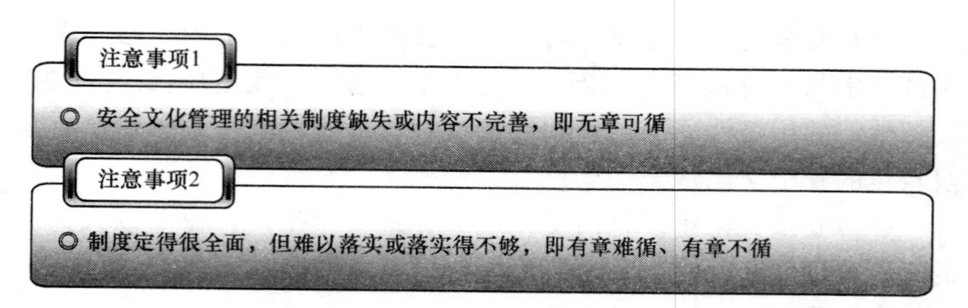

图 10—1　安全文化建设的注意事项

任感来源于观念。安全文化建设的目的就是解决观念问题。观念变了，具有强烈的责任感、事业心，制度建设也就会得到更好的完善和落实。

10.1.7　安全文化与安全技术、安全管理的关系

安全技术是保证安全的最基本手段。安全管理是通过强制手段减少人为事故诱因，弥补安全技术上的不足，而安全文化则弥补了员工被动接受安全管理、强迫执行安全规章制度的缺陷，是最高层次的安全手段。安全技术、安全管理与安全文化在解决安全问题时需相辅相成，三者的相互关系如图 10—2 所示。

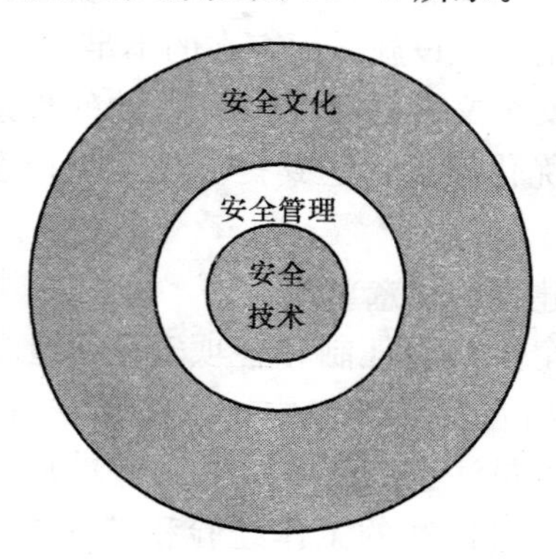

图 10—2　安全文化与安全技术、安全管理的关系图

10.2　安全文化建设

10.2.1　安全文化建设的筹划

根据电力企业内、外部安全管理环境特点及实际需要制定安全文化发展战略及计划，以保证企业在安全文化建设中的主动性，从而塑造更为可行的适合电力企业安全发展需要的安全文化体系。

电力企业相关管理人员在对安全文化各种影响因素及安全文化现状进行全面分析的基础上，选择合适的安全文化建设时机及目标模式，确定安全文化建设的切入点，制订安全文化建设的战略计划。

1. 安全文化建设的依据

企业管理人员在进行安全文化建设时，应有理有据，具体依据如图10—3所示。

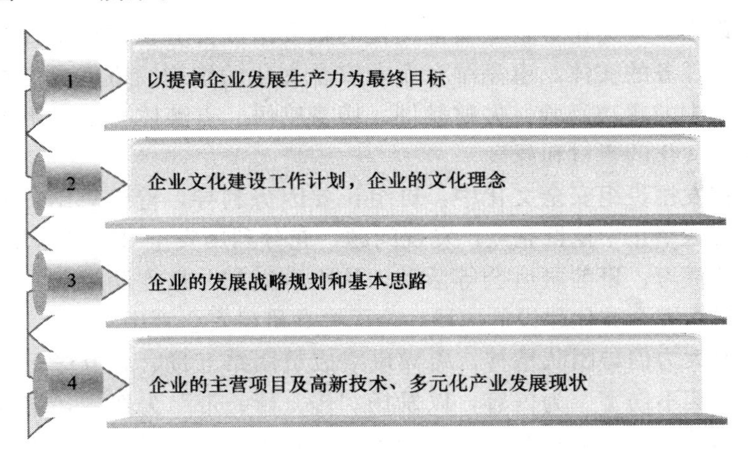

图10—3　安全文化建设的依据

2. 安全文化建设的目标

企业安全文化建设的目标需阶段性制定，不能盲目，应根据企业实际情况，量身制定。具体示例如下。

（1）电网事故、设备事故、人身事故等发生率控制在______%以内，事故损失控制在______万元以内。

（2）文化理念的培训和安全文化理念的故事化相结合，使广大员工能主动接受企业的文化理念并按文化理念的要求去工作。

（3）继续开展安全文化理念故事化的培训工作，策划一项具有文化内涵、促进品牌推广和提高企业效益的主题活动。

（4）成为本市内企业安全文化建设有影响力或起表率作用的先进单位。

（5）开展表现突出员工、最佳安全员、优秀班组等的评比活动。

10.2.2 安全文化建设的途径

安全文化建设必须和企业生产紧密结合，并体现在日常管理的各方面。

1. 发掘班组安全文化

班组安全文化是企业安全文化的重要组成部分，班组不仅是完成生产任务的实体，也是孕育企业安全文化的细胞。班组成员在实际工作中的成功经验、失败教训、切身感悟、点滴体会都是形成企业安全文化的素材和源泉。

在发掘班组安全文化中，班组长要因势利导，善于总结，从员工的言谈举止中挖掘亮点，发现问题，充分利用安全日、技术培训、反事故演习、班前班后会等活动，从小事做起，从点滴说起，不断丰富班组安全文化建设的内涵，全面提高班组安全管理水平。

要大力倡导团队精神，引导班组成员团结互助、相互学习，以落实“四不伤害”为内容，以发扬“传、帮、带”为纽带，培养班组群体的安全价值观和安全生产主人翁意识，使“安全是员工的最大福利”的思想深入人心。

2. 落实企业安全文化制度

落实遵章守纪是建设安全文化的基础。班组长要根据生产实际适时提出调整规章制度的要求，并严格监督制度的执行。积极组织班组内安全文化宣传和教育，特别是企业以往典型事故案例教育，使班组成员在心灵深处受到震撼，加深对遵章守纪重要性的认识。同时，要抓好习惯性违章工作。习惯性违章行为有两类，一类是个人习惯性违章，另一类是群体习惯性违章，个人习惯性违章如不及时加以控制，就会蔓延成群体习惯性违章。因此，要从制度上、员工心理等方面分析习惯性违章行为形成的原因，及时采取教育、奖惩、教化等办法进行治理，不能让习惯性违章成为一种风气。

通过对企业安全文化制度各项工作的落实，能够使班组形成群体安全意识，同时结合适当的奖惩等手段，开展讨论交流等活动，能够不断提高员工的安全修养，增强其安全意识，改正不良行为。

3. 开展安全文化专项活动

开展专项活动，使安全文化真正融入班组文化中。班组长应在组织参与企业或国家提出的“安全生产月”活动的基础上，结合班组生产经营实际，组织开展富有特色的安全活动。

如班组开展的合理化建议征集、小事件分析、安全知识竞赛等活动，在增加员工的安全文化知识的同时，也增强了员工的安全生产意识，营造了班组内安全文化氛围，同时，突出安全主题，重点解决实际问题，为进一步保证安全生产起到了促进作用。

4. 充分利用企业的宣传媒介

班组长应充分利用企业的网站、电视、报纸及内部资料等媒介载体，使其成为员工了解安全信息，掌握安全动态，学习安全知识的渠道，增强安全文化的辐射力、渗透力和凝聚力，形成安全生产工作中一道独特的文化风景。同时，这也是使企业文化深入人心的重要手段，增加员工对企业的认可度。

10.2.3 安全文化建设的方法

班组长不仅要认识到班组安全文化的重要性，更重要的是还要学会营造优良的班组安全文化。因此，班组长应明确营造安全文化建设的方法，以达到事半功倍的效果。电力企业安全文化建设的方法主要包括8种，具体如下所述。

1. 理性灌输法

主要向班组成员讲清楚本企业的安全生产目标，明确安全生产方针、安全法规等安全知识，使班组成员脑中时刻有警钟长鸣的意识，安全目标常常铭记于心，自觉严守规章制度开展各项工作。

2. 班组长身教、情感启迪法

一个好的班组长，可以给组员带来信心和力量，用其自身的示范作用和良好素质来激励班组成员的积极性。

班组长应做到以身作则，以实际的行动关心爱护班组成员，消除他们的后顾之忧，对事故责任者和被事故伤害者，要帮助其总结吸取教训，切忌指责训斥。

3. 心理调试法

作业人员的行为受其心理活动所支配，因此，在作业时必须仔细观察人员的心理活动，及时发现作业人员的异常举动，并对其加以指导。

要注意针对不同对象，不同原因，采取不同方式，耐心地帮助作业人员克服心理障碍。

4. 案例解剖法

选择具有典型意义的事故案例，分析其事故产生的根源、危害及应吸取的教训，以此来教育指导班组成员。并将其作为一项重要的安全管理手段，开展分析产生事故根源的活动，使班组成员的思想和心灵受到感染。

5. 多媒体法

放映劳动保护科教影片、各种标准化作业视频和事故现场纪录片，把视觉形象和声音信息两种信息同时作用于班组成员的感官，有利于提高人员对安全知识的吸收率，提高班组成员的安全意识。

6. 活动熏陶法

活动熏陶法即采用多种多样的活动方式，进行安全文化的宣传和教育，具体活动方式如表 10—4 所示。

表 10—4　　　　活动熏陶法的方式

方式	举例说明
开展专项的安全活动	在员工中建立“安全文明监督岗”活动，在班组中广泛开展技术练兵、技术比武活动，开展“安全月”“安全周”等活动
进行多样化的表演	救护演习，安全教育故事会等
开展竞赛	安全知识竞赛、安全生产征文竞赛、师徒对抗赛等，努力营造出浓厚的富有感染力的安全文化氛围，牢固树立“安全第一”的理念

7. 榜样吸引法

对安全工作中做出重大贡献的班组成员进行表彰并加大宣传力度，树立榜样，激发其他班组成员的工作积极性，使班组成员感到学习有方向、有目标，安全有标准，工作有奔头，从而创造出良好的安全生产局面。

8. 环境感染法

在作业区域内的显要位置设置“安全生产，幸福全家”宣传栏，对具有典型教育意义的事故大力宣传、教育，在重点生产场所设置醒目的警示标志、安全警句和停、带电范围示意图等，告知作业人员应该遵章守纪、勿忘安全。

10.2.4　安全文化建设评价要素

掌握安全文化建设的评价要素，可以从每种程度上充分反映安全文化的优劣，从而为安全文化的建设提出改进目标。安全文化建设的评价要素主要包括 5 个方面，具体内容如下。

1. 领导力因素

领导力是企业建立安全文化的首要因素，领导力建设主要包括：安全健康管理定位、安全健康管理的资源分配、企业内部安全组织与人力的专业化分工、安全领导力培训。因此，在安全文化测评过程中，清晰明确的领导决策是首要测评对象。

2. 交流有效性

高效的沟通与交流是建立企业安全文化的重要因素，纵向的交流有助于使各级员工能够清晰地了解企业组织的安全目标和计划，保证管理层和执行层之间的信息通畅，各类事件处理与反馈及时、有效；横向沟通与交流能够加强员工对事故风险的认知、强化安全规章制度的执行、提高工作的警觉性。

此外，积极有效的沟通还能加强员工对安全工作参与的积极性，而主动的自我事件上报更有利于各项安全管理活动的实施。

3. 员工的参与和动机

员工的参与和良好的动机是建设安全文化的构成基础。积极的安全文化就是能够为员工提供一个良好的参与环境，借助于各种方法，保证员工能够主动地参与安全决策和管理进程中，通过班组层，使员工个人能够自由地贡献安全思想并在实践中付之行动。

4. 持续有效的学习机制

企业的安全文化建设也包括文化建设的学习工作，良好的学习文化既包括管理组织的定期培训也包括员工自主的学习。

通过在班组内建立文化学习机制，可以鼓励员工更好地理解企业的安全实施政策，正确评估企业当前的安全状态，明确企业的不足及改进的方向。

5. 安全责任与态度

建立一个安全公正的文化环境，是提高员工安全责任与态度的重要保证。公正的文化有助于提高员工的参与程度，避免员工隐瞒失误，消除员工报告失误的恐惧心理，鼓励员工的事故上报的积极性，加强员工对决策的参与和执行等。

10.2.5　安全文化建设实施流程

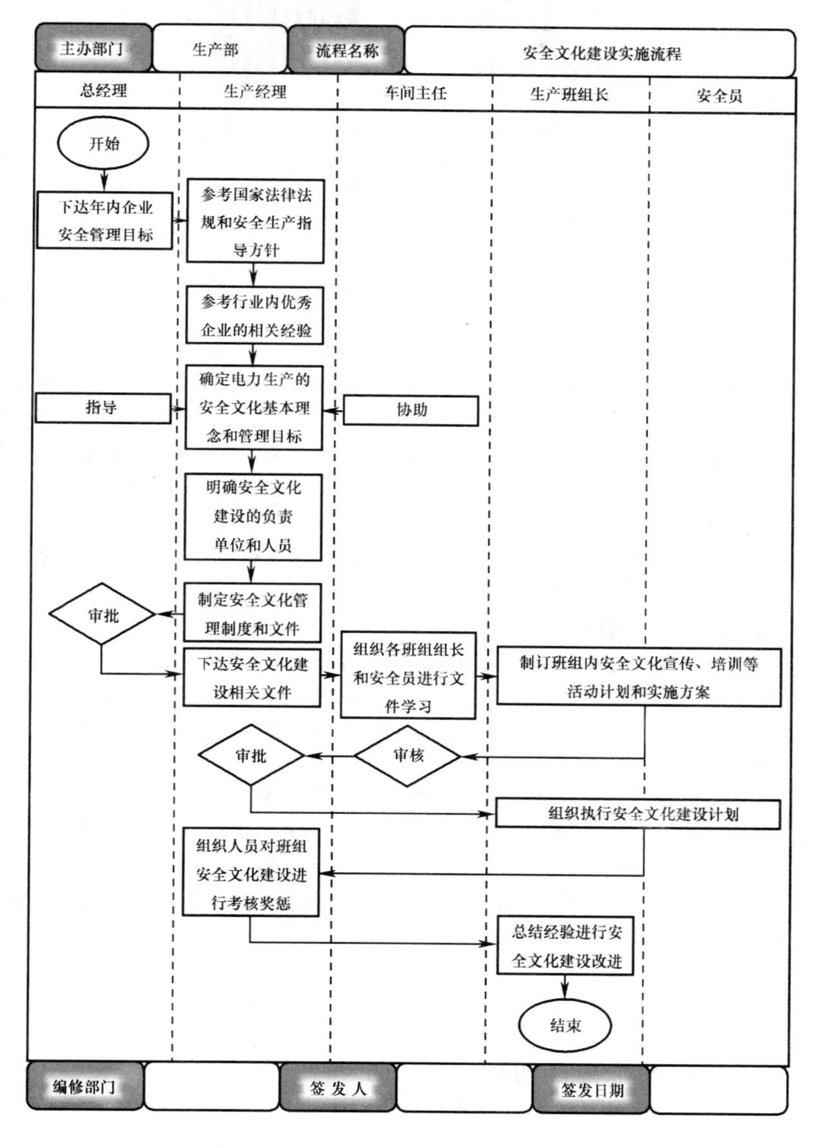

10.2.6 安全文化建设实施方案

<table>
<tr><td rowspan="2">方案名称</td><td rowspan="2">安全文化建设实施方案</td><td>编　　号</td><td></td></tr>
<tr><td>执行部门</td><td></td></tr>
<tr><td colspan="4">

一、目的

为保证企业安全文化建设的顺利开展，保证电力企业生产一线员工的安全生产，防止重大事故的发生，特制定本实施方案。

二、适用范围

本方案适用于电力企业安全文化建设的计划、管理和实施工作。

三、职能部门设置

应建立健全企业安全文化建设的领导机构和管理职能部门，具体如下。

1. 成立企业安全文化建设指导小组，成员包括企业高层管理人员、各部门负责人等。

2. 确定班组安全文化建设的主要负责人，人员主要为各班组组长及其班组安全员等。

四、制订实施计划

企业高层管理人员应制订企业年度安全文化建设实施计划。并根据计划循序渐进，不断创新企业安全文化和提升员工的安全文化水平。

五、安全文化教育培训

开展安全文化教育培训工作，不断提高员工对企业安全文化的认知。

1. 对高层管理人员、各部门的负责人：主要发挥领导在企业安全文化建设中的领导、表率作用，开展把企业安全文化建设同企业的经营管理活动相结合的观念和技能的培训。

2. 对企业基层员工：对基层员工的安全文化培训主要是企业文化、企业安全文化的基本知识，通过以班组为实施单位，组织各类宣传和教育活动，加深一线员工对企业安全理念的理解和吸收。

3. 各班组有选择地组织或参加企业组织的安全文化建设经验交流活动，互动交流和学习。

六、树立先进典型

班组长应协助高层管理人员发掘和培植安全文化建设的先进典型，并树立榜样。具体说明如下。

1. 三年内，有3个班组评为本市一级的优秀班组。

2. 三年内，有3人被评为市级先进个人称号。

</td></tr>
</table>

续表

方案名称	安全文化建设实施方案	编　　号	
		执行部门	

3. 公司内部的先进评比和表彰活动：每季度评选出2个表现突出员工和1个最佳安全员，每年度评定5个优秀班组等。

七、安全文化环境建设

改造员工的作业场所、办公环境、休息室、更衣间以及洗澡间等，使员工的工作、生活环境具有安全文化的内涵。具体做法如下。

1. 改善员工的住宿条件，规范员工的宿舍管理，定期组织宿舍评比。

2. 使办公、工作环境具有安全氛围。

3. 食堂应增加电视机，并在就餐时间持续播放安全文化教育内容。

八、安全文化媒介建设

利用好媒体，加强安全文化的建设。

1. 广告宣传：在高速公路等车流量大的广告阵地发布广告，并做到硬广告和软广告相结合，优选媒体和时机发布硬广告。

2. 网站宣传：企业网站内容应定期修改，内容应不断更新和丰富，形式活泼，链接关联单位、网站，增加留言板等功能。

3. 宣传栏宣传：建立并优化“文化长廊”宣传栏，定期更新“文化长廊”的主题和内容，保持员工对其的兴趣。

九、安全文化制度建设

高层管理人员应整理现有安全制度，规范化编制修整。制定和完善员工职业行为规范、员工社会行为规范。

十、安全文化主题活动

筹划企业特色主题活动，以下举例说明。

1. 迎新年活动。

2. 清明节祭奠英雄、新员工座谈、厂史教育。

3. 定期开展主题文化论坛或演讲活动。

4. 响应省、市安监局的号召，开展“安全生产月”活动，评选安全生产标兵、安全先进个人等，并予以奖励。

5. 每天班前会对员工进行岗位安全教育；月度总结会上讲解企业安全文化理念和对应故事、案例。

6. 开展体育竞技、联谊活动，把企业内部的体育活动和兄弟单位的相关文化活动结合起来，与客户单位、友好单位等进行文体交流。

续表

<table>
<tr><td rowspan="2">方案名称</td><td rowspan="2">安全文化建设实施方案</td><td>编　　号</td><td></td></tr>
<tr><td>执行部门</td><td></td></tr>
<tr><td colspan="4">

十一、安全文化建设工作要求

1. 高度重视，精心组织：安全文化建设作为提升企业安全管理水平的重要途径，企业各部门和班组要把创建活动作为加强安全生产工作的一项重要内容来抓，按照规划的要求，精心组织，认真落实相关工作，确保创建活动取得实效。

2. 步步为营，扎实推进：企业应以基层班组作为基本实施单位，按照规划的具体实施方案，狠抓细节，把安全文化建设工作切实做好。

3. 严格标准，务求实效：班组应按照上级有关安全文化建设的要求和标准，坚持以人为本，创新工作思路，在班组内采取各种形式，倡导、传播安全理念，营造安全文化氛围，达到激励员工、教育员工和提高员工的目的，实现以文化促管理、以安全促稳定、以安全促发展的目标。

4. 及时总结经验：企业应及时汇总各基层单位安全文化建设工作的进展情况，并按时向市安监局上报，及时对各阶段安全文化建设工作进行总结，吸取经验和教训，克服工作中的难题，以保障安全文化建设工作有序进行。

</td></tr>
</table>

编制人员		审核人员		批准人员	
编制日期		审核日期		批准日期	

第 11 章　班组安全生产管理体系

11.1　安全生产保证体系

11.1.1　安全生产保证体系的构成

为了贯彻“安全第一、预防为主”的方针，实现“双零”的安全目标，控制重大事故的发生和职工伤亡，保证职工人身安全，根据国家相关规定，企业需建立安全生产的保证体系。

班组长作为保证安全生产的一线管理人员，需了解安全生产保证体系的构成，以便更好地配合相关部门和人员进行安全生产的管理工作。

1. 安全生产保证体系构成图

安全生产保证体系主要包括安全生产组织保证、安全生产运行保证、安全生产制度保证三大部分。班组安全员作为安全生产组织的一线安全生产管理者，需了解保证体系的构成，其具体的构成图如图 11—1 所示。

2. 安全生产保证体系构成部分

（1）安全生产组织保证。企业需根据国家和上级安全生产的方针政策、法律法规和企业的生产实际，健全安全生产责任制，配置相应组织机构和岗位，做到事事有人管，对安全生产实行全员、全方位、全过程的闭环管理，发挥激励机制作用。

（2）安全生产运行保证。企业需运用安全生产运行系统工程，推行现代化管理技术，组织懂技术、懂专业、热心安全工作的中青年骨干充实到安全生产运行管理行业队伍，逐步加强和完善安全管理，增强安全管理系统的科学性和权威性。

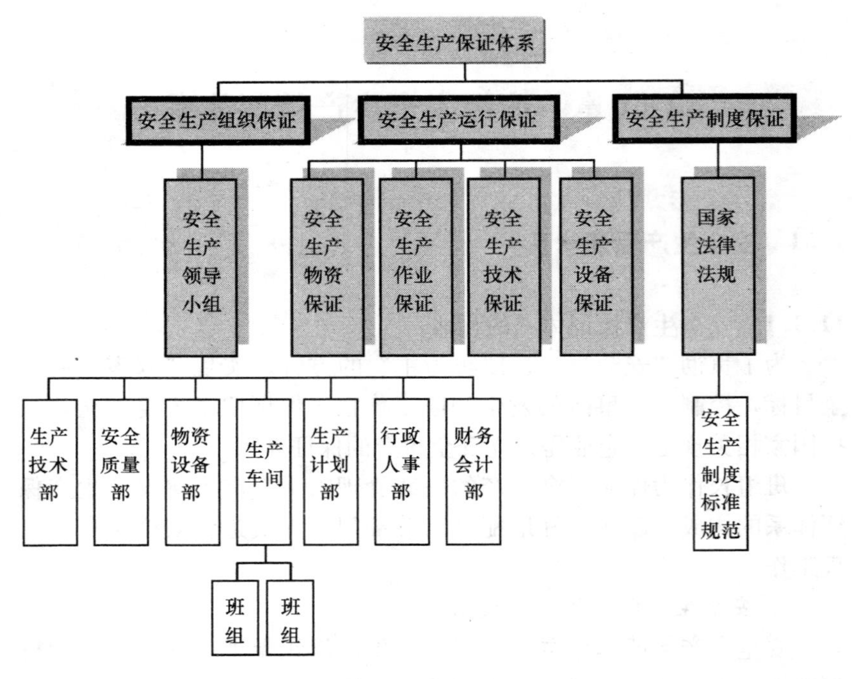

图 11—1　安全生产保证体系构成图

推广安全生产运行系统工程，是在保证物资、设备、技术的基础上，坚持安全生产前、生产中、生产后的全过程安全检查制度，出现事故隐患，采取相应的预防和控制措施，把好安全生产关。

班组长需联合班组安全员及专职安全管理员进行安全生产管理，确保安全生产顺利进行。

（3）安全生产制度保证。企业需根据国家相关的法律法规，制定企业内部安全生产管理制度，以便规范员工的日常行为，确保员工的人身安全。班组长需了解安全生产管理制度，以便按制度执行，其具体的安全生产管理制度如图 11—2 所示。

图 11—2　安全生产管理制度

11.1.2　安全生产保证体系的要素

在安全生产保证体系中，有人员、物资、技术、设备、管理 5 个基本要素。人员素质的高低是安全生产的决定性因素，高质量的物资和优良的设备设施是安全生产的基础和保证，科学合理的技术和管理方法是安全生产的重要措施和手段。

1. 安全生产保证体系要素之一——人员

企业需成立以总经理为核心的安全生产领导小组，其成员由各部门人员和生产人员组成。各级管理人员、班组长及作业人员都应负起安全生产的责任，认真贯彻“安全第一，预防为主”的方针和“管生产必须管安全”的原则，坚持安全责任制度，对生产过程中出现的安全问题按“三不放过”的原则进行处理。

2. 安全生产保证体系要素之二——物资

物资管理部门加强物资的进货渠道和管理，确保生产物资及劳动保护用品符合安全要求，不合格的产品严禁入库，并做好应急物资的供应工作。

3. 安全生产保证体系要素之三——技术

科学合理的技术是安全生产的重要措施和手段，企业需加强技术监督和技术管理，应用、推广新的技术监测手段和装备，落实“安全技术和劳动保护措施计划”，改进和完善设备、人员防护措施，确保设备和生产的安全运行。

4. 安全生产保证体系要素之四——设备

优良的设备设施是安全生产的保证，企业需应用新技术、新设备、新工艺，提高设备装备水平。同时加强设备管理，不断提高设备安全运行水平，强化设备缺陷管理，提高设备完好率，并落实“反事故措施计划”，保证设备安全运行。

5. 安全生产保证体系要素之五——管理

制定安全生产相关的规章制度是最常用的一种管理方法，企业建立和完善各项规章制度，可以实行安全生产法制化管理，从严要求，从严考核，杜绝“有法不依、执法不严”，认真执行“三不放过”原则，用重锤敲响警钟，做到警钟长鸣。

11.1.3 安全生产保证体系的职责

企业按照“管生产，管安全”的原则成立以总经理和副经理、总工程师、安全负责人员组成的安全生产领导小组，领导和组织实施安全生产管理，确保安全目标实现。

安全质量部是企业的职能部门，具体实施各项安全管理工作，以专检和监督方式为主，实行安全生产一票否决权；车间安全员、班组安全员负责生产过程的安全监督。

同时企业为了进行安全控制和实施，将各项管理工作进行分解，使每项工作都明确落实到每一个职能部门和每一个相关责任人。具体的安全保证体系职能分配如表 11—1 所示。

表 11—1　　安全保证体系职能分配表

编号	安全生产保证体系要素	总经理	副经理	总工程师	生产车间班组	职能部门					
						生产技术部	安全质量部	物资设备部	生产计划部	行政人事部	财务会计部
1	教育与培训	●	★	▲	▲	●	●	▲	▲	▲	▲

续表

编号	安全生产保证体系要素	总经理	副经理	总工程师	生产车间班组	职能部门					
						生产技术部	安全质量部	物资设备部	生产计划部	行政人事部	财务会计部
2	安全记录	●	★	●	▲	●	●	●	●	●	▲
3	管理职责	★	●	▲	▲	▲	▲	▲	▲	▲	▲
4	安全体系	★	●	▲	▲	▲	●	▲	▲	▲	▲
5	采购	●	★	▲	▲	▲	▲	●	▲	●	▲
6	生产现场安全控制	★	●	●	●	▲	●	▲	▲	▲	▲
7	检查、检验	●	★	●	▲	▲	●	●	▲	●	▲
8	事故隐患控制	●	●	★	●	▲	●	●	●	▲	▲
9	纠正与预防措施	●	●	★	●	▲	●	▲	●	▲	▲
10	内部安全审核	★	●	●	▲	▲	●	▲	▲	▲	▲
符号说明：★—主管领导 ●—主管部门 ▲—相关部门（个人）											

11.2 安全生产监督体系

11.2.1 安全生产监督体系的构成

为建立健全安全生产监督组织机构，形成完整的安全生产监督体系，并与安全保证体系共同保证安全生产目标的实现，企业应成立三级安全监督网络。

企业安全生产监督体系一般由安全监督部门、车间和班组安全员组成三级安全监督网络。安全生产监督体系的具体构成如图 11—3 所示。

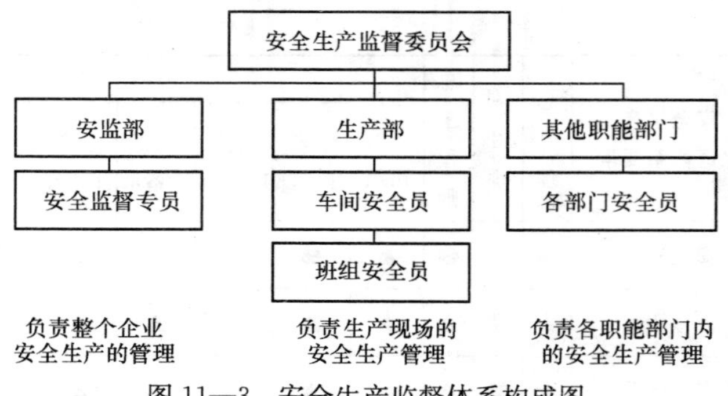

图 11—3　安全生产监督体系构成图

11.2.2　安全生产监督体系的要素

由于企业安全生产监督体系一般由安全监督部门、车间和班组安全员组成三级安全监督网络。各要素的功能如下：

安全生产监督体系的主要功能是安全监督和安全管理，即运用行政上赋予的职权，对生产建设及运行全过程的人身和设备安全进行监督，并具有一定的权威性、公正性和强制性，协助领导做好安全管理工作，开展各项安全活动。

对于企业安全生产的监督，各要素的功能如图 11—4 所示。

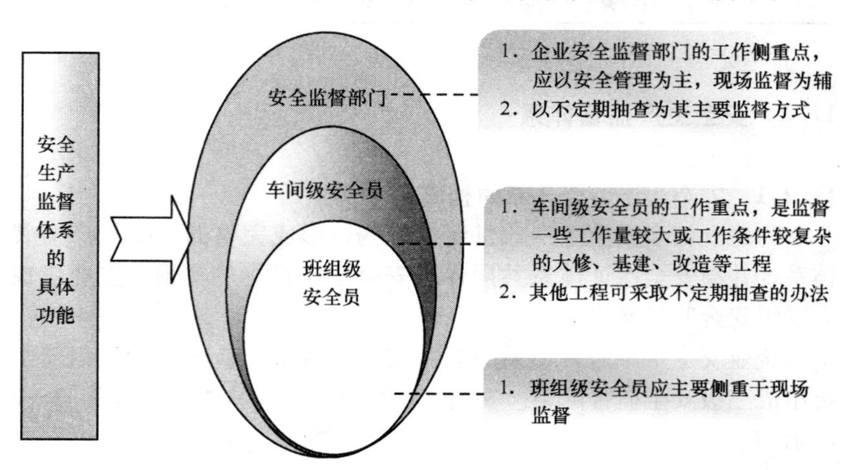

图 11—4　安全生产监督体系的具体功能

对安全基础仍然相当薄弱、现场违章频发的电力企业，可考虑建立安监值日制度——利用三级安全成员组建安监值日队伍，每天由1名中层及以上干部带领1～2名安监员巡查各施工现场，以解决弥补一些班组安全员“不敢抓不敢管或怕得罪人当老好人”的问题，确保安全监督与考核有效到位。

11.2.3　安全生产监督体系的职责

安监部作为安全生产监督机构，受企业总经理的领导，负责做好企业的安全管理工作。各单位安全员受本单位负责人和安监部的领导，负责本单位的日常安全管理工作。班组安全员接受班长和本单位安全员的领导，开展班组安全生产管理工作。

1. 安全生产监督委员会

公司的安全生产监督工作由法人代表（总经理）负总责，安监部经理及各部门经理参与，建立安全生产监督委员会。监督委员会主要职责如图11—5所示。

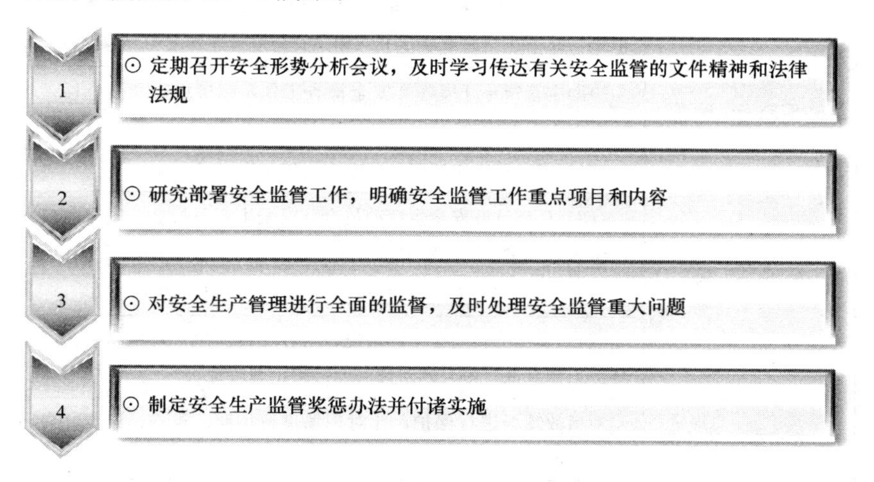

图11—5　安全生产监督委员会的职责

2. 三级安全监督人员职责

安监部人员、车间安全员、班组安全员为三级安全监督人员，其具体的职责如表11—2所示。

表11—2　　三级安全监督人员职责

工作大项	工作细化
1. 制订实施两措计划	参与编制安全技术劳动保护措施计划和参与制订反事故技术措施计划，监督“两措”计划实施完成
2. 实施安全监督	（1）负责对安全生产过程中人身安全的监督管理和设备安全的监督
	（2）安全监督人员应进入生产区域、施工现场检查了解安全情况
	（3）监督劳动保护、安全工器具、安全防护用品的购置、发放和使用
	（4）制止各级人员的违章指挥、违章作业、违反生产现场劳动纪律的行为
	（5）发现违章行为、重大问题和事故隐患，及时向主管领导汇报，并下达“违章通知书”和“安全监督通知书”，限期整改
3. 实施安全检查	协助主管领导开展各类安全检查工作，积极推行“安全性评估”等工作方法
4. 总结汇报	（1）安监部组织开展各项安全例行工作
	（2）厂部开好安全生产动员会、安全生产分析会、安全监督网络会、安全生产工作会议等
	（3）车间开好安全生产分析会，班组过好安全活动日等
	（4）总结分析安全生产情况，对存在的问题，特别是对薄弱环节、频发性、带有倾向性问题，提出整改建议
5. 安全事故的处理	对事故现场进行保护，并对现场进行拍照、录音、录像，参加事故调查，并对事故提出处理办法
6. 奖惩	对安全生产做出贡献者提出表扬、给予奖励的建议或意见，对不认真执行安全生产规定者提出批评，对违章作业严重者有权停止其工作

11.2.4　安全生产监督的工作内容

安全生产监督工作分准备阶段、实施阶段、竣工阶段三个阶段来进行，班组安全员需了解安全生产监督工作内容，以便配合安监部进行安全生产的监督检查。

1. 准备阶段

在安全生产监督的准备阶段安检部需编制监督规划和实施细则，并监督各部门实施。班组安全员需配合安检部人员进行准备。准备阶段具体的工作内容如图 11—6 所示。

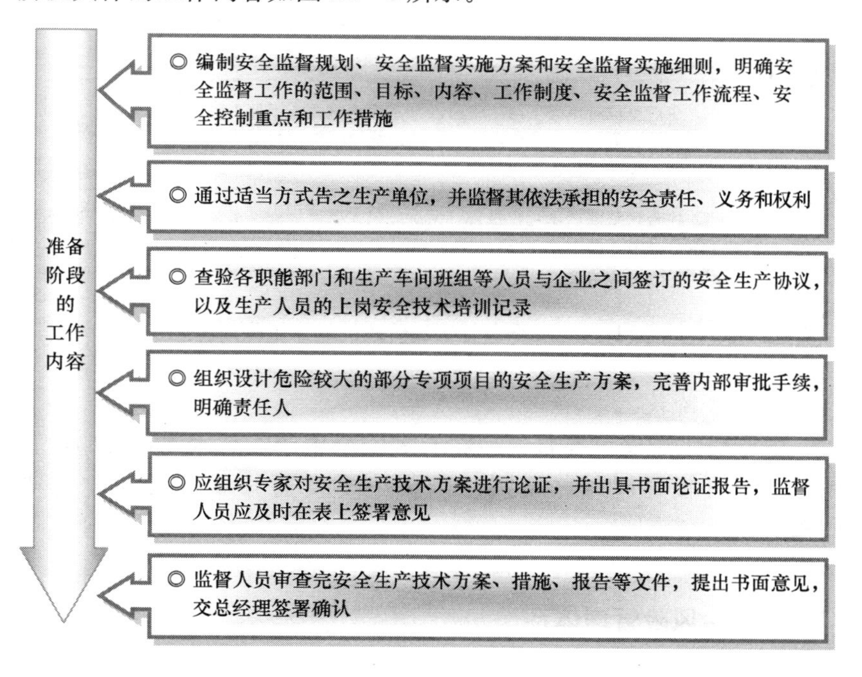

图 11—6　安全监督准备阶段的工作内容

2. 实施阶段

安全监督部应对安全生产的现场经常进行巡视检查，及时发现安全隐患，对现场出现的事故，进行及时处理。生产班组长需配合安全监督人员进行安全生产的监督检查。

实施阶段的具体工作内容如图 11—7 所示。

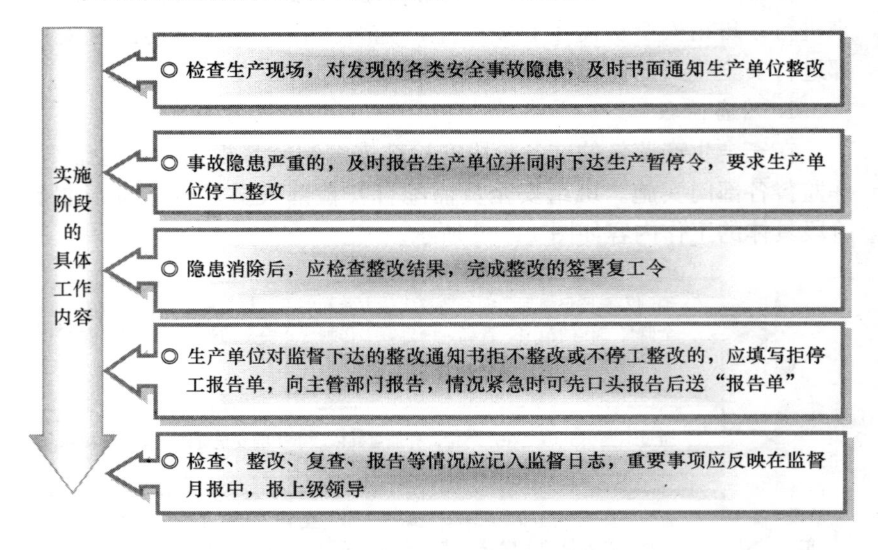

图 11—7 安全监督实施阶段的具体工作内容

3. 完工阶段

生产完工后安全监督部应将有关安全生产的技术文件、验收记录、监督月报、规划、细则、会议纪要及通知单等按规定立卷归档。

11.3 安全风险管理体系

11.3.1 安全风险管理概念

安全风险管理是指通过识别企业生产经营活动中存在的危险、有害因素，并运用定性或定量的统计分析方法确定其风险严重程度，进而确定风险控制的优先顺序和风险控制措施，以达到改善安全生产环境、减少和杜绝安全生产事故的目标。

其中风险是指危险、危害事件发生的可能性与后果严重程度的综合度量。而安全风险一般用风险率表示，风险率（R）等于事故发生概率（P）与事故损失严重程度（S）的乘积。

其计算公式为：$R=PS=\frac{\text{事故次数}}{\text{时间}}\times\frac{\text{事故损失}}{\text{事故次数}}=\frac{\text{事故损失}}{\text{时间}}$

班组长需了解安全风险管理的概念，以便深入学习安全风险管理的内容和具体方法。

11.3.2　安全生产风险管理

安全生产风险管理包括 4 个方面的内容，即安全生产风险识别、安全生产风险评估、安全生产风险控制、安全生产风险改进。

生产班组长需掌握安全风险管理的内容，尽量控制识别出生产中存在的安全风险，进行安全生产的改进，确保生产的顺利进行。

1. 安全生产风险识别

安全生产风险识别主要是识别危险源，因为危险源是造成人员伤害、职业病、财产损失或环境破坏的根源或状态。具体的危险源的说明如图 11—8 所示。

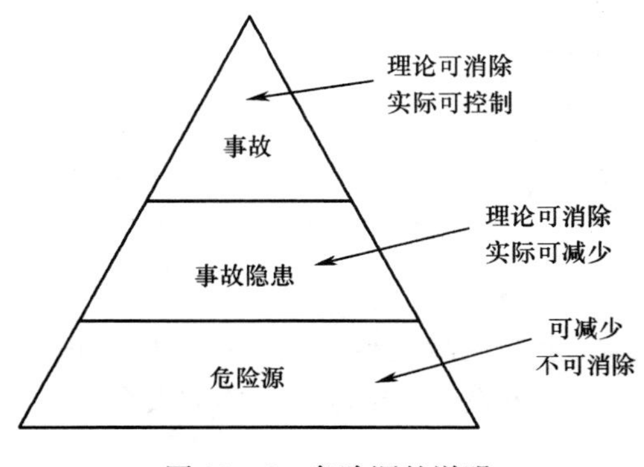

图 11—8　危险源的说明

2. 安全生产风险评估

安全生产风险评估以实现工程、系统安全为目的，应用安全系统工程原理和方法，对生产系统中存在的危险、有害因素进行辨识与分析，判断生产系统发生事故和职业危害的可能性及其严重程度，从而为制定防范措施和管理决策提供科学依据。

安全评估的要求如表 11—3 所示。

表 11—3　　安全风险评估的要求

单位类型	安全评估的要求
剧毒危化品生产单位	获安全生产许可证评估 1 次 每年 1 次安全评估
一般危化品生产单位	获安全生产许可证评估 1 次 每两年 1 次安全评估
危化品经营单位	获安全生产许可证评估 1 次 与安全生产许可证同步评估
煤矿	获安全生产许可证评估 1 次 与安全生产许可证同步评估
金属非金属矿山	获安全生产许可证评估 1 次 与安全生产许可证同步评估
烟花爆竹生产单位 民爆器材生产单位	获安全生产许可证评估 1 次 与安全生产许可证同步评估

3. 安全生产风险控制

企业对生产安全的风险进行控制，可对风险进行监控，对危机进行预警，以便制定风险改进措施。具体的安全生产状态如图 11—9 所示。

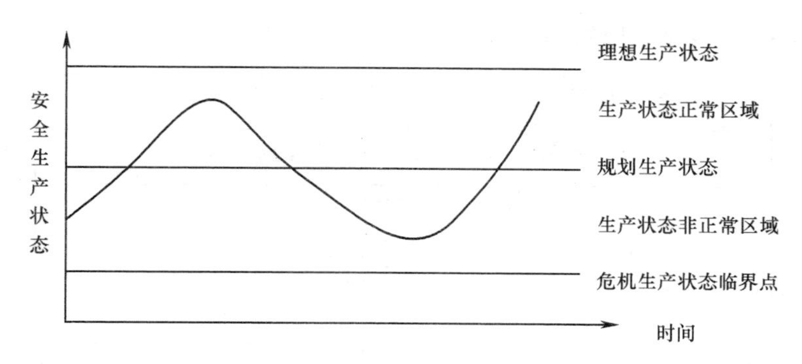

图 11—9　安全生产状态监控图

班组长需掌握安全生产状态监控图，以便进行生产调整，当生产处于非正常区域时，说明生产存在着风险，班组长需报告安全管理员，并配合安全管理员找出风险的根源，以便进行改进和控制，确保生产顺利进行。

4. 安全生产风险改进

安全生产风险改进措施必须符合实际情况和国家法律法规的要求，对于不同的风险具体的改进措施也不相同。

班组长需了解安全生产风险改进措施，配合安全管理员进行生产安全风险的改进。安全生产风险改进的具体措施如表 11—4 所示。

表 11—4　　安全生产风险的改进措施一览表

风险	改进措施
可忽视风险	无须采取措施且不必保持记录
可承受风险	不需另外的控制措施，需要监测来确保控制措施得以维持
中度风险	努力降低风险，但要符合成本-有效性原则
重大风险	紧急行动降低风险
不可承受风险	只有当风险已降低时，才能开始或继续工作，为降低危险不限成本。若即使以无限资源投入也不能降低风险，应停止工作

11.3.3 安全风险管理流程

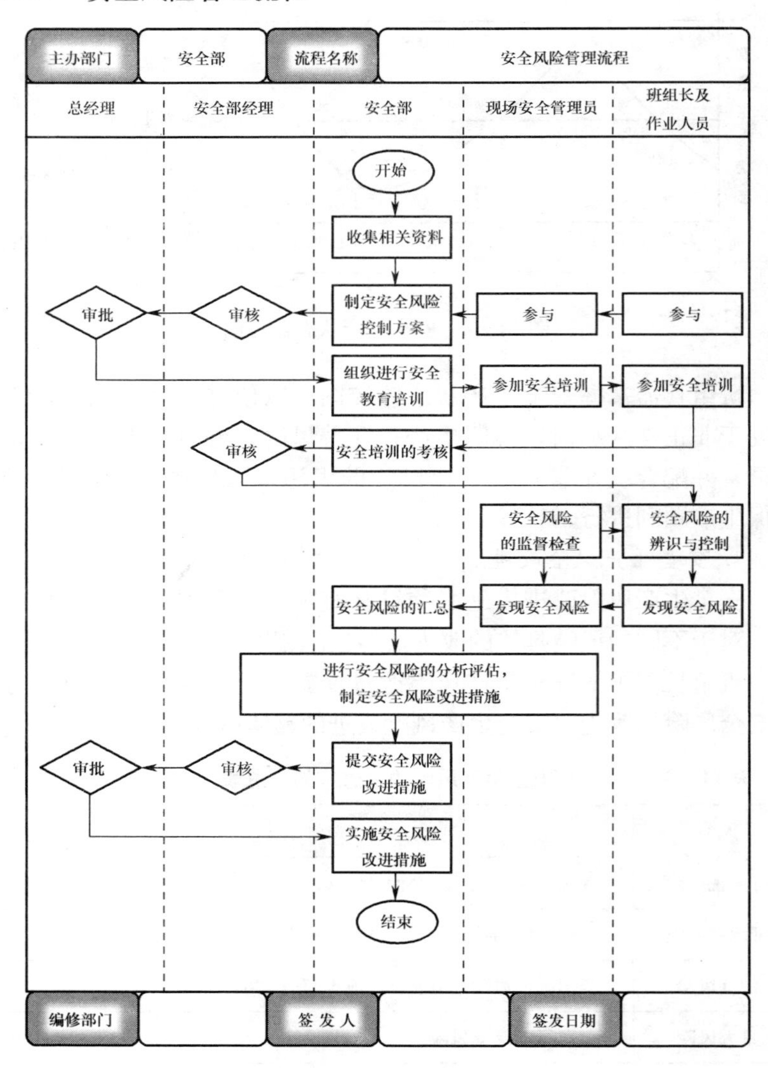

11.3.4 电力安全风险识别

电力安全风险识别是指依据电力企业安全风险评估规范，针对电力企业安全生产基础状况开展的系统查找和识别造成风险的危险源，为风险控制、风险评估提供基础数据。

电力安全风险识别主要包括设备、产品的风险识别，人员管理的风险识别，风险数据库的建立与应用等方面的工作。

1. 设备风险的识别

电力企业各设备的异常状态都可能造成安全风险，如设备本身存在缺陷、平时缺乏保养和检查、机械设备的功能失灵、自然灾害等。

班组长需识别设备使用管理过程中造成设备风险的危险源，以便进行管理方法的改进，确保设备不发生故障引发安全事故。设备具体的风险如图 11—10 所示。

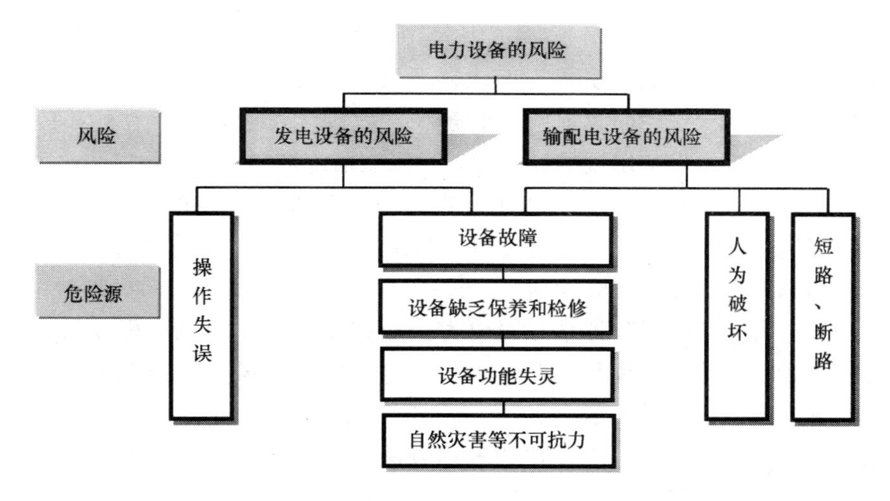

图 11—10　电力设备的风险

2. 产品风险的识别

衡量电能质量的标准有频率、电压、波形等指标，任何一个指标不合格都将影响用电户用电设备的正常工作，甚至损坏用电设备。班组长可从频率、电压、波形三个指标对电力产品存在的风险进行识别，具体的风险如表 11—5 所示。

表 11—5　　电力产品的风险

分类		具体风险
频率不合格风险	—	用电设备不能正常
电压不合格风险	过高	设备烧毁、产品受损、人身伤亡
	不稳定	企业停产、设备烧毁
	过低	机器不能正常工作、损坏马达
波形畸变的风险	—	精密仪器显示失常、损害设备

3. 人员管理风险的识别

产品、设备和人员这 3 项因素中，人员是起决定作用的因素。有良好安全素质的人员，不但能够严格按照安全规程的要求进行管理、指挥和操作，而且能够及时辨识和发现生产过程中存在的不安全因素和机械设备出现的异常状态，采取措施加以控制。

各部门主管、班组长和作业人员应尽量提升自我的安全素质，识别出生产作业和设备运行过程中存在的风险，防患于未然。

11.3.5　电力安全风险评估

电力安全的风险评估是对电力企业整体或局部的风险程度做定量或者定性估测，评估风险等级，确定可接受的风险等级标准，为持续改进提供科学依据。

班组长需了解风险评估的具体方法，以便配合安全管理人员进行安全风险的评估。下面介绍一种最常用的风险评估方法。

1. 风险评估方法

LEC 法是一种最常用的风险评估方法，它是对生产作业过程中具有潜在危险性的危险源进行半定量的安全风险评估方法。

该方法采用与系统风险率相关的三方面指标值之积来评估系统中人员伤亡风险大小。具体的说明如图 11—11 所示。

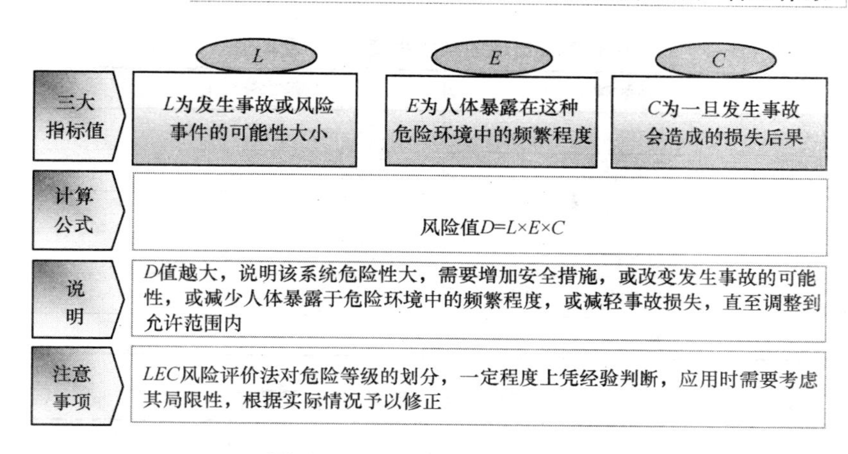

图 11—11　LEC 风险评估方法

2. 安全风险等级

安全管理人员在要确定安全风险的等级时，需计算安全风险值，然后再根据安全风险值的大小确定。安全风险值采用 LEC 法定量计算，安全风险等级根据安全风险值的大小确定。其中安全风险值 $D=L\times E\times C$。

安全风险因素 L、E、C 取值及风险值 D 与风险等级关系如表 11—6、表 11—7、表 11—8、11—9 所示。

表 11—6　　发生事故或风险事件的可能性（L）及取值

发生的可能性	分数值
完全不可能预料	10
相当可能	6
可能但不经常	3
可能性小，完全意外	1
很不可能，但可以设想	0.5
极不可能	0.2
实际不可能	0.1

表 11—7　　风险事件出现的频率程度（E）及取值

风险事件出现的频率程度	分数值
连续	10
每天工作时间	6
每周一次	3
每月一次	2
每年几次	1
非常罕见	0.5

表 11—8　　发生风险事件产生的后果（C）及取值

发生风险事件产生的后果	分数值
大灾难，无法承受损失	100
灾难，几乎无法承受损失	40
非常严重，非常重大损失	15
严重损失	7
重大损失	3
一般损失	1
轻微损失	0.5

表 11—9　　风险值 D 与风险等级关系表

风险程度	风险值	风险等级
极高风险，应采取措施降低风险等级，否则不能继续作业	＞320	5
高度风险，需立即整改	160～320	4
显著风险，需要整改	70～160	3
一般风险，需要注意	20～70	2
稍有风险，但可能接受	＜20	1

11.3.6　电力安全风险控制

企业需结合电力生产的工作实际和专业特点，针对生产过程中人、设备、环境风险因素的评估，有针对性地采取消除和控制措施，以保障生产作业的安全实施。班组长作为接触现场的第一线管理人员，对于控制安全生产风险，可提出更合理的建议。

电力安全生产因为自身的特点，在风险评估的基础上，进行风险的消除和控制，实践中通常采取以下几种基本方法。具体控制方法如表 11—10 所示。

表 11—10　　　　风险控制的方法

方法	具体说明	案例
消除法	◆从根本上消除危险源的首选方法，也是最彻底的方法 ◆在电力生产中，有部分的危险源是无法消除的，这一方法存在局限性	在电力生产现场有相当多的危险源，如导线绝缘破损、压力容器泄漏、旋转机械的异常运行，温度、压力、流量等监视参数的超标等，都是可以消除的，对此类危险源一经发现，应立即消除
代替法	◆在条件允许的情况下，用低风险、低故障率的装备代替高风险装备 ◆电力生产企业可从安全和效益的目的出发，对现有设备不断进行更新改造或采用先进的技术产品	如将辖区内的少油开关进行无油化改造为真空开关或 SF6 开关，将手动调节改造为全自动控制系统等，这些可增强设备运行的可靠性和减轻运行人员操作的风险和劳动强度
隔离法	◆对危险源进行隔离，是电力生产中最常用的方法 ◆针对客观存在的危险源，利用各种手段对其进行有效的隔离和控制，确保危险源在指定区域或范围内处于可控、在控状态	拉开刀闸，利用明显的断开点把检修设备和运行设备隔离；把乙炔、氢气、氧气、汽油等易燃易爆物品存放在距生产地点 50 米以外的危险品仓库，使危险品与生产现场隔离等
个人防护	◆用安全帽、安全带、安全网、防坠器、绝缘工具等各类劳动保护用品，来实现对工作人员人身、健康的保护	进入生产现场要配戴安全帽，在 2 米高度以上作业要配戴安全带，带电作业要配备屏蔽服等

续表

方法	具体说明	案例
行政方法	◆用行政监督、专业培训、人力调配、工作制度等行政手段，来推动和加强安全管理，降低和避让风险 ◆行政方法是解决人的不安全因素的根本方法	建立科学、合理、有效的管理制度和激励机制，充分调动和合理分配电力企业内的人力资源，并通过培训、监督和考核等手段提高员工的综合素质和约束员工的不规范行为

11.3.7 电力安全风险改进

电力企业为了进行安全风险的改进，可采取建立风险预警机制和进行全面安全管理方法来实现电力安全风险的持续改进。

班组长需了解这两种改进方法，提高安全生产管理的意识，以便积极参与到安全风险的改进工作当中。

1. 建立风险预警机制

企业通过建立风险预警机制是为了当安全生产偏离正常状态时发出风险警告，实施风险干预，避免生产事故的发生，不断改善企业安全生产状况，实现持续改进。其具体的办法如下所示。

（1）根据风险评估结论，依据可接受的风险等级标准，确定能够监测企业安全生产全面状况的风险预警指标，设立不同等级的预警值并建立风险预警监测制度，在监测到风险预警指标接近预警值时发出风险警告，进入相应的预警状态。

（2）实施风险干预即针对不同的预警状态，实施不同的风险干预对策措施。可采取专项整改、停工整顿、通报、考核及责任追究等手段进行政策干预；建立风险干预组织体系，分层分级、定人定期落实整改；对实施风险干预后的预警指标进行监测，当降低到可接受的程度时，解除预警状态。

2. 风险改进双闭环

风险改进双闭环主要是指风险管理的过程闭环和管理闭环。

（1）过程闭环。推进安全风险管理要在继承以往安全管理有效经验做法的基础上，抓住安全风险管理体系建设的基本特点和本质要求，突出安全风险的预防和控制，做到风险发现、评估、控制、消除过程闭环。

（2）管理闭环。加强工作指导和监督检查，及时分析解决工作中遇到的各种问题，做到安全风险管理工作计划、实施、检查、反馈的管理闭环，实现管理工作持续改进提高。

风险改进双闭环具体如图 11—12 所示。

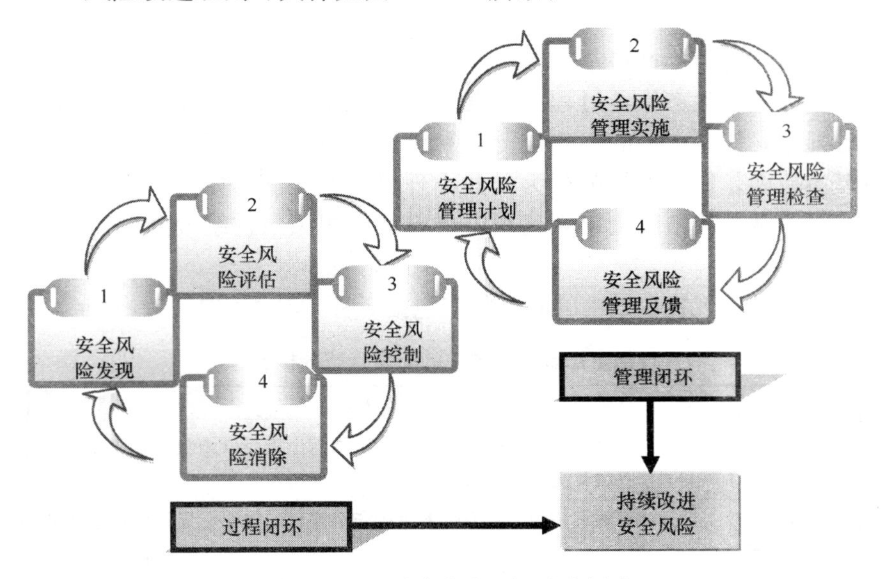

图 11—12　风险改进双闭环示意图

第12章　班组安全心态管理

12.1　生产与心理分析

12.1.1　电力生产违章心态分析与对策

在电力生产作业过程中，发生事故的原因是多种多样的。据统计显示，作业人员的不安全行为和设备的不安全因素是导致事故的基本原因。作业人员的行为受其心理活动的支配，如果心理活动不符合客观规律，就会出现违章，再与其他相关条件结合时，就可能造成事故。

经常出现在事故中的心理状态包括8种，具体如表12—1所示。

表12—1　　经常出现在事故中的心理状态分析表

心理状态	具体分析
自负心理	技术较为熟练的员工往往过于自信而出现反常现象，致使他们擅自操作或扩大作业范围
怕脏、怕冷 怕热、爱美	生产过程中为了爱美而不遵守安全规程，往往会导致伤亡事故的发生
空间知觉不准	人在高空但知觉不在高空，在高处作业时用力过猛，失去重心跌落下来
注意力分散	即注意力被无关的刺激所吸引而发生事故
求简、求快、贪图方便	作业人员往往为了提高工作效率求简、求快，省略了各种安全措施，造成违章作业
冒险、逞强	作业人员只顾眼前的得失而不顾客观后果，从而盲目行动、蛮干、瞎干，使作业违章不断
侥幸心理	作业人员对客观事物的认识发生了偏差，作出了错误的判断，产生了冒险的心理冲动

班组长在日常安全管理工作中，要依据班组成员的思想活动规律开展工作，而人们的思想活动受制于心理活动规律。运用心理学知识，研究人们心理活动的规律和特点是做好日常安全管理工作不可缺少的工作，具有针对性和实效性强的特点。

班组长要了解和掌握班组成员的心理，就要通过平时细心观察员工的一言一行，及时分析员工的心理状态和心理特点，抓住教育对象的思想苗头，把握其思想动态，及时对员工一些不正确的思想潜意识实施正确的引导，把工作做到前头。

员工思想纠正方法如图 12—1 所示。

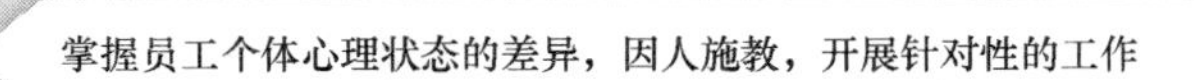

图 12—1　员工思想纠正方法

因此，班组长必须带头遵守各项安全规章制度，在日常工作中真正发挥表率作用，靠自身良好的行为素质和人格魅力影响和教育人。

12.1.2　员工个性心理差异与安全生产

心理学中的个性，是指一个人可以区别于他人的心理与行为倾向，是一个人独特的、持久的、统一的、稳定的心理与行为特性。

个性心理的特征主要包括气质、性格、能力三种。气质，即“脾气”，心理活动的动力特征。性格，即人格，稳定的态度和习惯化的行为方式。能力，是保证成功完成某活动所必需的个性心理特征。

1. 员工个性差异与安全生产

员工的个性差异对生产安全的影响，主要体现在对员工合作搭配的安排上，具体情况如表 12—2 所示。

表 12—2　　员工个性差异与人员搭配分析表

类型	具体说明
热心与冷淡	◇有同情心、热心、团结、勤劳的人和自私、冷漠和懒惰的人在一起搭配，以避免两个自私、懒惰和不团结的人在一起安全互保上形成真空区域
细心和粗心	◇工作严格认真、细心的人要和粗心马虎的、工作虎头蛇尾的人搭配，以防止工作上的疏忽而出现安全隐患
理智与冲动	◇冷静与理智及稳定的人与感情波动、盲目冲动的人在一起，以防止盲目工作或一时冲动而出现安全问题
守纪与散漫	◇遵章守纪的人与自由散漫的人搭配，以防止出现违章违纪而导致不安全情况的发生

2. 员工气质差异与安全生产

员工气质对生产安全的影响，同样体现在对员工合作搭配的安排上，如表 12—3 所示。

表 12—3　　员工气质差异与人员搭配分析表

类型	具体说明
胆量差异	◇胆量大的人要和胆量小的人相搭配，胆量大的人一般更适合于高处作业等危险性大的工作，而胆量小的人一般处事稳重，抑制胆大者的冒险行为，对胆小者则有利于心理松弛，从而确保安全
脾气差异	◇脾气暴躁的人和脾气温和的人搭配更容易做好工作，安全上会更可靠。防止两个脾气暴躁或脾气不投的人在一起，避免产生潜在的不安全因素
情绪差异	◇情绪上不好的、消沉的、受挫折的、悲观的人要和情绪积极、乐观的人搭配，以利于宽慰并改变其心境，有利于情绪不好的人防止工作失误，从而造成不安全事件
反应差异	◇动作迟缓的人要和动作迅速的、反应快的人搭配，有利于在事故的初期及时处理，有效地防止事故扩大

3. 员工能力差异与安全生产

员工的能力差异对生产安全的影响，在对员工合作搭配的安排上的表现如表 12—4 所示。

表 12—4　　员工能力差异与人员搭配分析表

类型	具体说明
智力差异	◇智商高的人用于安全环境复杂的地点，而智商一般的人适合于一般的工作环境，相互搭配，可以保证危险点预控目标的实现
文化差异	◇文化水平高的人和文化水平较低的人要注意搭配。文化水平高的人，适合于现代化设备的操作。例如，进口设备的操作。而文化水平低的人则更适合于机械的简单工作。用其所长，更有利于安全
经验差异	◇经验不足的人与经验丰富的人要搭配使用，以防止新人员或技术水平较差的人员在一起出现安全上的不可控局面
性别差异	◇工作上男女宜搭配，除了女性效应以外，重体力活往往更适合于男性员工，如果让女性员工承担，则易造成设备的损坏和人身的伤害
年龄差异	◇一般年龄越大，个性差异也越大。要注意年轻人和年长者搭配。年轻人安全技术方面往往欠缺，而年龄大的人则不适合高空作业、过重的体力活等工作，但在安全技术方面往往比较老练，各有所长，在一起工作可以互补，以防止出现不安全现象

总之，班组长只有注重员工的个性差异，正确处理员工个性差异与安全管理的关系，才能真正以人为本，把“安全第一，预防为主”的方针落到实处。

12.2　员工心态管理

12.2.1　员工情绪管理

1. 情绪管理的定义

情绪管理，是指员工对自我的掌控，对生活和工作中的矛盾和各类事件引起的反应和压力能进行适当的排解，保证以平和、正面的情绪面对和进行工作的过程。

2. 影响员工情绪的因素

我们将影响员工情绪的因素分为以下 5 个方面。

（1）工作物理环境。员工首先要考虑生理和安全的需要，使自己情绪免于受到影响。工作的物理条件或环境包括灯光、温度、湿度、噪声、工作场所的大小、颜色的变化、工作工具和机器的适用性、办公设备的空间位置等因素。

舒适的工作物理条件对员工的正面情绪有积极的刺激作用，无论是在工作满意度上还是生产率上都会有很积极的反映。

工作工具和机器的适用性、工作场所以及办公设备布局的合理性会对作业层员工的情绪有重要的影响。如果工具设计合理，会大大提高工作效率，员工就会轻松完成工作，出现异常情绪的概率就减小。如果各种设备布局不合理，员工负荷增加，抱怨不满情绪就会随之而来，相应的产出和管理水平就会下降。

（2）工作本身的性质和行业特点。除了工作的物理条件外还有一个很重要的方面，就是工作本身的性质和行业特点。工作的物理条件是可以进行人为改进的，但是行业的特点、工作的属性没办法人为改变。

由于各工作和行业属性不同，员工在实现自己的存在需要时也会遇到刺激反面情绪出现的因素。以电力企业为例，作业劳动强度高，户外作业时外界环境和天气的不确定性，将对员工的情绪造成很大的影响。

（3）工作心理环境。工作心理环境，是指员工在工作中产生关系需求时需要的一种人际环境，这种工作软环境主要包括企业或者班组文化氛围、同事间关系、与上级的关系、与下级的关系、组织赋予的权利地位等因素。

员工处在一个工作环境中，时刻会受到心理环境的影响。当员工的行为因工作的心理环境而受到强化时，产生的是正面情绪；反之，当行为与工作心理环境发生冲突时，反面情绪也就表现得更为强烈。

（4）生活因素。由于情绪具有传递性和扩散性，这些情绪不仅会表现在个人生活中，还会进一步传递到工作当中，并且会扩散到同事之间，影响员工的绩效水平。因此，关注影响员工的生活也是很有必要的，如夫妻关系、子女问题、生病等都是严重影响员工情绪的生活因素。

（5）个人因素。当员工产生行为后会产生两种结果，一种是实现了预期目标，产生成就感；另一种是未实现预期目标，产生挫折感。当产生这两种结果时，每个人所表现的情绪根据个人健康状况、心理成熟度、思维状况、性格特质等个人因素，表现出夸大或缩小事实、追求绝对化、偏执、合理思维都将导致负面情绪。

3. 员工情绪管理的对策

面对员工的情绪，企业管理人员应从下面5个方面入手。

（1）注重应聘者的情绪管理能力。在企业人力资源管理中，招聘和录用是很重要的一个环节，决定着未来企业的人力资源质量。班组长应参与对应聘者的考核，并通过其情绪管理能力的考察，对其进行测评。

例如，让被测试者身处所设定的环境里，面对一些现实性的冲突和问题，从情绪变化、语言表情等方面的情绪反应中评估其情绪管理的能力等。

（2）工作性质与员工能力的匹配。在实际环境中，行业的特点是无法改变的，因此要做的就是把工作的物理条件和行业特点以及工作性质匹配起来，使物理条件尽量符合行业特点和工作的性质等。例如，电力企业是高体力劳动，工作性质带有不确定性和挑战性，要强调员工的个人能力发挥。

（3）员工情绪管理列入培训内容。目前，企业和班组的相关培训多是关于技能和知识的培训，情绪管理能力的培训较少。但因为情绪管理能力具有后天可培养性和可塑造性，因此班组应该将员工情绪管理能力的培训作为一项重要培训内容。例如，怎样观察自己和他人的情绪、怎样对待情感波动、如何战胜压力和焦虑、如何积极交往、如何培养相互的信任感、如何激励自己与他人等。

(4) 加强对员工的关怀。对员工的关怀应包括两方面，一是工作当中的关怀，二是日常生活中的关怀。

在工作的软环境中，企业应该尽力制定完善的规章制度，使管理制度机制透明、合理、公平、健全，班组长在执行相关制度时，要公平对待每一位员工，选择符合大多数员工情感特点和需要的管理方式，规避由于不良管理产生的负面情绪。

此外，还要给员工创造一个宽松的情感交流环境，如经常举办班组聚会和定期的娱乐活动以增进情感交流；如聘请情绪指导专家或心理医生，以便帮助员工放松工作中积累的紧张情绪等。

(5) 加强企业文化建设。企业首先应创造和谐的企业文化，由班组加强对企业文化的宣传和教育，以提高员工对公司的认可度和归属感，激励员工以高度一致的情绪去达成企业的愿景。相反，如果企业文化是冲突的，那么负面情绪就会大量产生。

12.2.2 员工压力管理

1. 压力的概念

心理学中所说的压力，是指人的内心冲突和与其相伴随的强烈情绪体验。现实生活中有多少种相互排斥的事物，接触这些事物的人，便能体验到多少种内心冲突。

2. 压力的来源

引发压力的因素称为“压力源”。企业的管理者在实施员工压力管理活动时，首先要弄清楚导致员工压力的起因，即压力源。压力源从形式上可分为 4 种。

(1) 没有工作安全感或失业。如果同行业公司纷纷倒闭，员工也会因为担心公司倒闭、被兼并、收购或者组织结构重组而失去工作安全感。

在缺乏安全感的状态下，工作中的人际关系、与上司、同事、下属关系紧张，政治斗争等会比以往更加激烈，员工为了保住自己的工作，会采取延长工作时间、降低工作薪酬、减少福利等要求，由此产生巨大的工作压力。失业比没有工作安全感所造成的压力更大。失业的员工比一般人更有可能产生抑郁、自杀、犯罪等负面倾向。

（2）工作中的角色问题。在企业的组织结构中，员工在工作中要担负一定职责，扮演特定的角色，这是产生压力的重要来源。常见的问题有角色冲突、角色模糊、工作负担过重以及过轻等。

例如，客户或高层领导要求部门经理开除某员工，但这样做却有违于经理的价值观，这就产生了角色冲突；作业人员在工作中收到让人混淆、甚至是自相矛盾的指令，这就产生了角色模糊；工作负担过重会让员工觉得工作永远跟不上计划，感到疲惫不堪，进而产生压力；员工总是希望通过努力能够自我实现，工作中无所事事一样会给他们造成压力。

（3）恶劣的工作环境。恶劣的工作环境同样可以制造工作压力，危险的办公地点、混乱的办公环境、不符合人体工程学的办公设施等，都会加剧员工工作压力的产生。在恶劣的工作环境下，工作中偶尔发生的小事故、小灾难也会造成极大的压力。

（4）生活方面的压力。生活中的每一件事情都可能会成为生活压力源。比如生病、结婚、解雇、退休等，都会使员工生活方面的压力增大。

3. 压力的心理模式

员工压力的心理模式，如图12—2所示。

4. 员工压力管理的形式

员工压力管理的形式主要包括改善工作环境，创造组织文化等方面，具体说明如下：

（1）改善工作环境。在员工压力管理中，班组长应致力于创造宽松宜人的工作环境。如保持作业区域适宜的温度和合理的布局，设置员工休息室等，有利于员工减轻疲劳，使员工更加舒心、高效地工作。

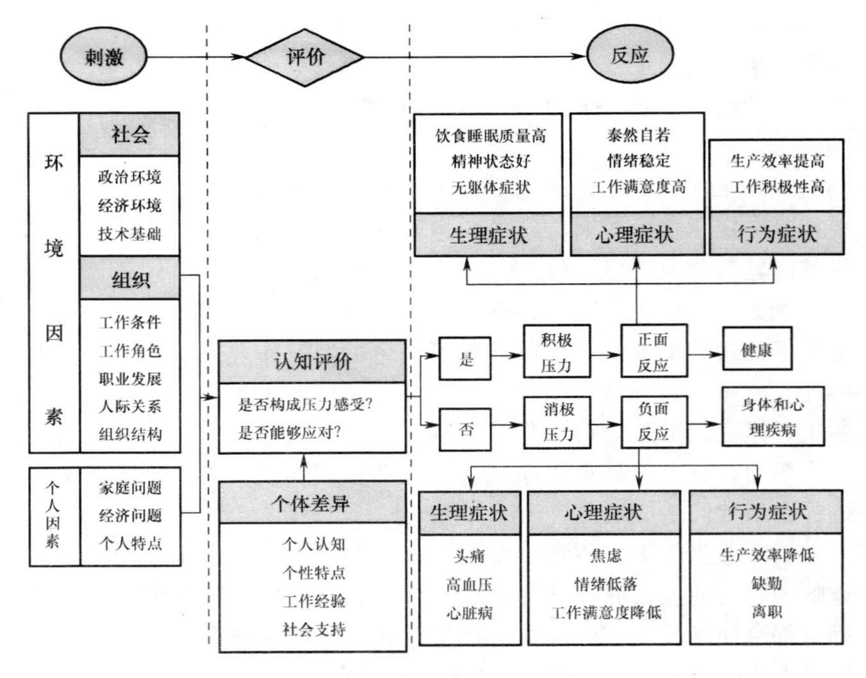

图 12—2 员工压力的心理模式

(2) 激励班组士气。班组长要采取必要的措施激励班组成员的士气，增强员工间相互合作和支持的意识，当面临激烈的市场竞争或者艰巨任务的时候，大家作为一个团体彼此支持，士气就会比预期的要高涨。

同时，上下级之间要积极沟通，维持班组内的和谐气氛。沟通方式可以采取面谈、讨论会或者设立建议邮箱等多种形式。

(3) 任务和角色需求。班组主要从工作本身和组织结构入手，使任务清晰化、角色丰富化，增加工作的激励因素，提高员工对工作的满意度，从而减少压力及紧张产生的机会。要达到这个目标，需关注两项内容，具体如图 12—3 所示。

◎ 当员工的目标比较具体而富有挑战性，并能及时得到反馈时，他们会做得更好。利用目标设定可以增强员工的工作动机，相应地减轻员工的受挫感和压力感

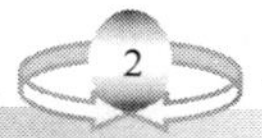

◎ 再设计可以给员工更大的工作自主性，更强的反馈，使员工对工作活动有更强的控制力，从而降低员工对他人的依赖性，有助于减轻员工的压力感。减轻压力的工作再设计包括工作轮换、工作扩大化、工作丰富化

图 12—3　减少压力及紧张情绪应注意的事项

需要注意的是，如果员工的工作过于例行化，可以选择工作轮换方法。当员工觉得一项工作已不再具有挑战性时，就把员工轮换到技术水平要求相近的另一个岗位上。工作轮换的优点在于，通过更新和丰富员工工作内容，减少员工的枯燥感，使员工积极性得到提高。

如果工作数量不足、工作内容简单化是工作压力的来源，工作扩大化可以发挥作用。通过工作的横向扩展，增加员工的工作数量，丰富工作内容，使工作本身更具有多样性，这种方法可以克服专业化太强、工作多样性不足给人带来的压力。

（4）生理和人际关系。班组通过对班组成员的关系协调注意对员工生理健康的管理，为员工创造良好的生理和心理环境，满足员工在工作中的身心需求。

5. 员工压力管理的目标

班组对组内成员进行压力管理，不仅可以平衡人员的压力水平，便于班组生产管理，还可以提高员工的工作积极性和工作效率。员工压力管理的目标，主要包括 5 个方面，具体如图 12—4 所示。

6. 员工压力管理的方法

常被企业管理人员用于压力管理的方式主要包括弹性工作制、参与管理、身心健康改善、有效疏导压力、努力创造条件帮助员工完成工作、针对特殊员工采取特殊措施。

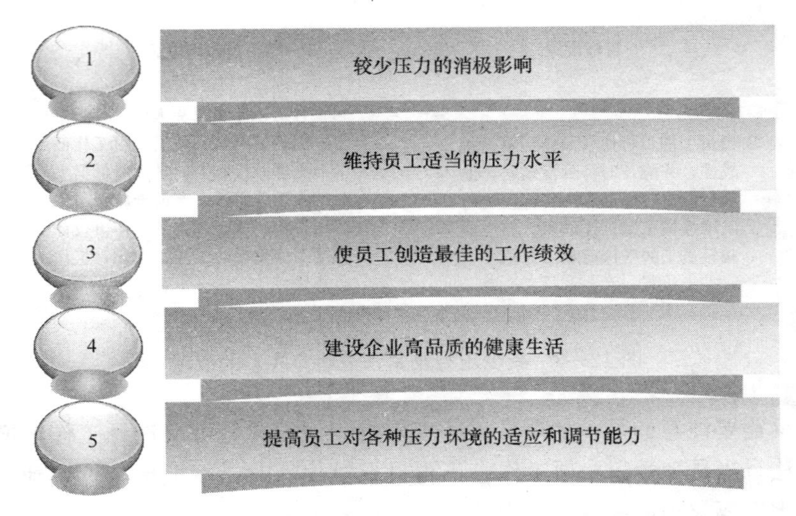

图 12—4　员工压力管理的目标

（1）弹性工作制。班组采用弹性工作制，允许员工在特定的时间段内，自由决定上班的时间。弹性时间制有利于降低缺勤率，提高生产率，减少加班费用开支，从而增加员工的工作满意度，减少压力的产生。

（2）参与管理。班组可鼓励班组成员参与班组的管理工作，使员工减少对工作目标、工作预期、上级对自己的评价等问题的确定感，增强员工的控制感，帮助员工减轻角色压力，间接促进员工提高工作绩效。

（3）身心健康改善。班组可从改善员工的身心状况入手，协助班组成员降低压力。其理论假设是，员工应该对自己的身心健康负责，组织则为他们提供达到目的的手段。例如，班组可提供各种活动以帮助员工戒烟、控制饮食量、减肥、培养良好的训练习惯等。

（4）有效疏导压力。班组长要充分认识到员工有压力、有不满是十分正常的现象，才能做出正确的员工压力管理。所以，企业管理人员有责任帮助他们调节情绪。员工只有将不满的情绪发泄出来，心理才能平衡，情绪才能平稳。因此，班组长应该开发多种情感发泄渠道，有效地改善班组成员不适的压力症状。

（5）努力创造条件帮助员工完成工作。班组内应组织安排进行员工工作能力培训，如工作技巧的培训、谈判和交流技巧的训练等，帮助员工克服工作中的困难。另外从硬件和软件上不断改进，对员工的工作进行支持，而不能一味强求员工完成超出其能力范围内的工作。

（6）针对特殊员工采取特殊措施。班组长应对上级领导提出申请，针对经常出差和加班的员工给予更多的帮助和支持。这类员工因其工作特点，可能造成与照顾家庭之间产生诸多的矛盾，面临着更加复杂多变的工作环境，他们承担着巨大的压力。对此企业应提供额外的家庭补助或举办探亲活动等，缓解员工压力。

12.2.3　习惯性违章心态管理

所谓习惯性违章，是指发生在生产现场，与《电业安全工作规程》不相符，却被当成“不要紧”“出不了事”的“习以为常”的操作行为。这是一种长期沿袭下来的违章行为，使“侥幸”变成了“经验”，其特有的隐蔽性、危害性往往不被人们所重视。

班组是直接从事生产的基层单位，习惯性违章在班组的作业、操作等活动中常有出现。因此，抓好班组反习惯性违章是做好安全生产的一项最直接、最根本的任务。

1. 习惯性违章心态的类型

纠正习惯性违章，首先要从心态上改变一些看法。而这其中比较有代表性的主要有三种，具体如下。

（1）艺高胆大。企业生产一线员工，有很多都是从业多年的老师傅，具有丰富的实际操作经验。如登杆作业，器材和工具的传递是必须有提绳的，但有些员工在登杆时却将扳手、横担及其他的工具一起挂在身上带上杆塔，即便有人提醒，他们还是按照自己的意愿进行。这些违章行为的潜在危险性是不言而喻的。

（2）嫌麻烦。《安全生产操作规程》被一些资历老的员工认为是多余的，而且相当费事。但是当员工严格执行《电业安全工作规程》，即“费事”一点时，却换来了对生命和安全更大的保障。

（3）出事的都是运气不佳。当事故出现时，一些员工总唠叨“哎，就是你遵守了规程，该出事的还是要出事，是你运气不好”。我们不能否认事故的发生具有一定的偶然性，但也不能因此而否定规程中的一些规定。员工应该从事故中吸取一些正面教训，了解到事故中很多人因遵守了规程而挽救了自己和他人的生命。

2. 习惯性违章的心理状态表现

人的行为总是受思想活动支配的，习惯性违章行为也必然与错误的思想活动有关。从对事故的分析可以看出，习惯性违章的人大多存有以下心理状态。

（1）缺乏安全知识。对正在进行的工作应该遵守的规章制度根本不了解或一知半解，工作起来凭本能、热情和习惯。对用生命和血的教训换来的安全操作规程知之甚少，因而出事的可能性就大。

（2）贪图安逸。在工作中不求上进，缺乏积极性，平时不注意学习，技术水平一般，自我保护意识差。与其他人一起工作还可以，一旦自己独立工作，哪怕是从事简单的工作，都有可能因为懒于采用防护安全措施和用品而发生事故。

（3）侥幸心理。明知某种做法属违章行为，可能引起不良后果或事故，但自认为并非每次违章作业都会发生事故，以前也这样做过都没有出问题，这次也不会出事。于是在侥幸心理的驱使下铤而走险，一旦环境、设备和人员发生细微变化，都很可能引发事故。

（4）自以为是。总认为自己有经验、有能力防止事故的发生，相信不良的传统成习惯做法。对未造成事故的习惯性违章经历非但不以为耻，反而引以为荣，在人前吹嘘，甚至争强好胜，不顾后果地蛮干、胡干，对别人的劝告置若罔闻。这种心态下一旦发生事故，必然会造成极其严重的后果。

3. 克服习惯性违章心态的方法

习惯性违章心态需要得到企业各级管理人员的重视，具体管理方法如下。

（1）找出违章现象。“安全第一，预防为主，综合治理”是安全生产的总方针，是反习惯性违章心态管理的基本准则。通过了解、摸清习惯性违章心态的根源，提前做出防范措施，从而有效地防止各类事故的发生，避免不必要的事故损失。

（2）大力开展对员工的安全教育。通过查找习惯性违章的危害，使员工认识到习惯性违章心态是违反安全生产客观规律的，其结果必将受到客观规律的惩罚，不但危及自身安全，而且还会累及他人。

针对这些“习惯性违章心态”的特点，加强对《中华人民共和国电力法》《中华人民共和国安全生产法》《电业安全工作规程》等法律法规的学习，增加其危机意识，使员工懂得这些规章制度是用血的教训换来的宝贵经验，并了解到按安全生产规章制度作业和操作，就是珍惜生命。

同时，结合岗位实际，经常性地开展事故应急预案演习、培训和考试，了解掌握规章制度和“习惯性违章”行为，把自觉执行规章制度变成众人的自觉行为，养成遵章作业的习惯，从而大大减少随意作业的机会和条件，从根本上避免事故的发生。

附录　电力安全法律法规

13.1.1　《中华人民共和国电力法》摘要说明

《中华人民共和国电力法》于 1996 年 4 月 1 日生效，其宗旨是为了保障和促进电力事业的发展，维护电力投资者、经营者以及使用者的合法权益，保障电力安全运行。

《中华人民共和国电力法》的内容涉及电力建设、生产、供应以及使用活动的方方面面，并规定了电力生产与电网管理的一般原则和方针。其与电力安全密切相关的重要条款及对应方针如附表 1 所示。

附表 1　　《中华人民共和国电力法》重要条款及方针

<table>
<tr><th>条款</th><th>内容</th><th>对应方针</th></tr>
<tr><td>第十八条</td><td>电力生产电网运行应当遵循安全、优质、经济的原则</td><td>电网运行应当连续、稳定，保证供电可靠性</td></tr>
<tr><td>第十九条</td><td>电力企业应当加强安全生产管理，坚持安全第一、预防为主的方针，建立、健全安全生产责任制度</td><td>电力企业应当对电力设施定期进行检修和维护，保证其正常运行</td></tr>
<tr><td>第七十三条</td><td>电力管理部门的工作人员滥用职权、玩忽职守、徇私舞弊，构成犯罪的，依法追究刑事责任；尚不构成犯罪的，依法给予行政处分</td><td rowspan="2">电力企业人员由于不服管理、违反规章制度，或者强令工人违章冒险作业，因而发生重大伤亡事故，造成严重后果的，处三年以下有期徒刑或者拘役；情节特别恶劣的，处三年以上，七年以下有期徒刑</td></tr>
<tr><td>第七十四条</td><td>电力企业职工违反规章制度、违章调度或者不服从调度指令，造成重大事故的，比照《刑法》第一百一十四条的规定追究刑事责任；电力企业职工故意延误电力设施抢修或者抢险救灾供电，造成严重后果的，比照《刑法》第一百一十四条的规定追究刑事责任</td></tr>
</table>

13.1.2　《电业安全工作规程》摘要说明

1. 《电业安全工作规程》的主要内容

国家标准化管理委员会在《电业安全工作规程》中，对现场工作保证安全的组织措施和技术措施给出了基本规定，明确了电气作业安全距离，建立了完整的人身安全防护制度措施等。具体内容如附表2所示。

附表2　《电业安全工作规程》内容及说明

规程内容	具体说明
电气工作安全距离	☆指工作人员与带电体应保持的安全距离。安全距离随着作业性质和电压等级不同而不一。具体数据见《电业安全工作规程》的相关条款，班组长必须掌握
保证安全的组织措施	☆班组长需明确工作票制度，工作许可制度，工作监督制度，工作中断、转移和终结制度，其核心是工作票制度和工作监督制度
保证安全的技术措施	☆现场工作保证安全的技术措施，包括停电、验电、装设接地线、悬挂标志牌和装设遮栏，这是保证现场工作的物质技术基础

2. 工作票制度

《电业安全工作规程》规定，必须根据需要严格执行工作票及其相关工作许可制度，工作监护制度，工作中断、转移制度和工作终结等制度。

工作票制度就是使用工作票作为安全保证手段时的各种规定和要求，包括在何种情况下使用工作票、使用工作票所必须履行的各种手续等。工作票是现场作业确保人身安全的护身符。因此，班组必须提高执行工作票的自觉性，并要求全班成员严格遵守。

3. 操作票制度

执行操作票的关键是严格的工作作风、求真务实的态度，避免不负责任走过场。一般要把好以下几关：受令联系关，操作票填写关，操作票审查关，模拟演习关，操作准备关，操作监护关，操作质量检查验收关。

4. 电业人员上岗基本要求

《电业安全工作规程》规定，从事电气工作的人员必须具备7项基本要求，具体如附图1所示。

经医生鉴定，符合无障碍工作的病症

具备必要的电气知识，且按其职务和工作性质，熟悉《电业安全工作规程》的有关部分，并经考试合格

学会紧急救护法，特别要学会触电急救

电气工作人员每年进行一次《电业安全工作规程》考试；因故间断电气工作连续三个月以上者，必须重新温习本规程，经考试合格后，方能恢复工作

参加带电作业的人员，应经专门培训，并经考试合格、领导批准后，方能参加工作

新参加电气工作的人员、实习人员和临时参加劳动的人员，必须经过安全知识教育后，方可下现场随同参加指定的工作，但不得单独工作

对外单位派来支援的电气工作人员，工作前应介绍现场电气设备接线情况和有关安全措施

附图1　电业人员上岗基本要求

13.1.3 《电力建设安全工作规程》摘要说明

《电力建设安全工作规程》内容中对电力建设安全工作的各方面均设有诸多安全条款，归纳起来分为通用安全要求、特种作业与特种设备、各种施工安全三大类内容。

1. 通用安全要求

通用安全要求项目有施工现场、物料摆放、防火防爆、施工用电等，其具体安全要求如附图 2 所示。

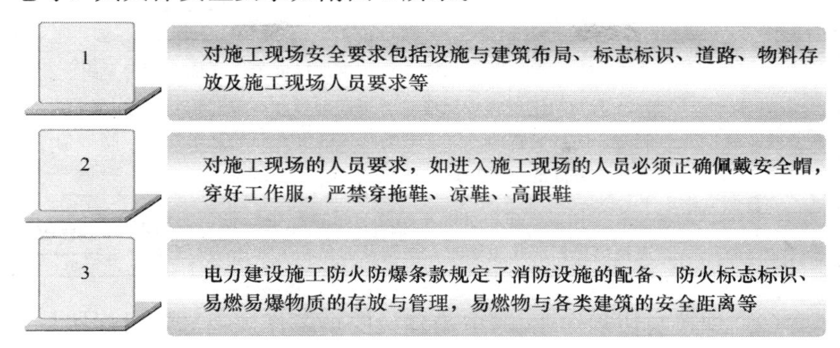

附图 2　通用安全要求

2. 特种作业与设备要求

《电力建设安全工作规程》对电力建设常见特种作业的安全要求进行了详细规定，如高处作业、起重作业、焊接与切割等。

（1）高处作业。高处作业规定了高处作业的平台走道等设施的防坠落要求、脚手架及梯子的安全要求、登高作业人员身体及个人防护要求、个人防护设备定期检查要求及标准等。

（2）起重作业。起重作业的条款包括起重机械的要求、起重人员的要求、起重工作安全要求等。具体说明如附表 3 所示。

附表 3　　起重作业的内容

事项	要求
重机械要求	☆起重机械应标明最大起重量，起重机械的制动、限位、连锁以及保护等安全装置，应齐全并灵敏有效 ☆高架起重机应有可靠的避雷装置 ☆在轨道上移动的起重机，必须在轨道末端 2 厘米处设车挡，轨道应设接地装置 ☆起重机上应备有灭火装置，操作室内应铺绝缘胶垫，不得存放易燃物 ☆起重机械不得超负荷起吊，如必须超负荷时，应经计算，采取有效安全措施，并经总工程师批准后方可进行

续表

事项	要求
起重人员要求	☆起重机的操作人员必须经培训考试取得合格证，方可上岗 ☆起重机的操作人员应熟悉下述规程和有关知识：安全运行要求，安全、防护装置的性能，电动机和电气方面的基本知识，指挥信号，保养和维修的基本知识等
操作安全要求	☆操作人员在起重机开动及起吊过程中的每个动作前，均应发出戒备信号；起吊重物时，吊臂及被吊物上禁止站人或有浮置物

（3）焊接与切割作业。《电力建设安全工作规程》除对焊接与切割作业规定了一般安全要求外，还针对不同种类的焊机提出了专门的安全要求。例如，严禁在储存或加工易燃、易爆物品的场所周围10米范围内进行焊接或切割工作；在焊接、切割地点周围5米范围内，应清除易燃、易爆物品；确实无法清除时，必须采取可靠的隔离或防护措施。

3. 施工安全

《电力建设安全工作规程》对施工安全的要求包括基础施工和专业施工两部分。基础施工如爆破工程、混凝土结构工程、拆除工程，这些内容在规程的各个部分大同小异。专业施工包括有热力设备安装、电气设备安装、母线安装、电缆安装、电气试验机启动等工作内容的，规程的各个部分专业施工内容差异较大。

《电力建设安全工作规程》对各种施工过程、安全技术措施、安全设备保证等都从安全角度给出了系统安全的规定，是电力建设施工安全的基本保证措施，应严格执行。

13.1.4 《电业（电力）生产事故调查规程》摘要说明

电力监管委员会（简称“电监会”）于2004年12月28日颁布了《电力生产事故调查暂行规定》，并于2005年3月1日开始实施。与此同时，1994年12月22日原电力工业部发布的《电业生产事故调查规程》废止。

《电力生产事故调查暂行规定》包括了总则、事故定义和级别、事故调查、统计报告及附注构成，规定内容简化，对于国家通用事故标准或规范做出了详细规定。

1. 电力企业事故类型

依照《电力生产事故调查暂行规定》的相关条例，电力企业事故分为人身事故、电网事故和设备事故三类。具体说明如附表4所示。

附表4 电力企业事故分级表

事故名称	分级说明
人身事故	◇按照国家对人身事故的一般分级方法分级
电网事故	◇根据造成停电的范围和减供负荷，将电网事故分为特大电网事故、重大电网事故和一般电网事故
设备事故	◇根据设备容量和故障持续时间等分为重大设备事故和一般设备事故

2. 电力企业事故调查

《电力生产事故调查暂行规定》中明确要求了当电力企业发生安全事故时应进行紧急调查，其具体调查步骤如附图3所示。

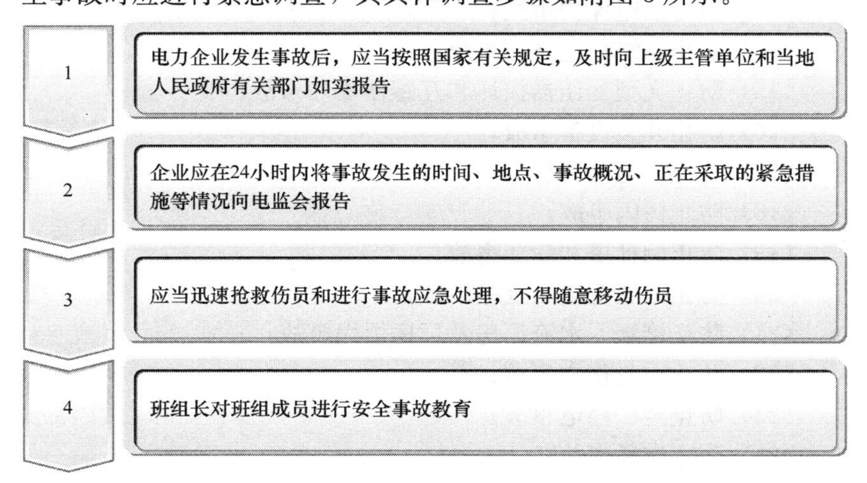

附图3 电力企业事故调查步骤

13.1.5 《防止电力生产重大事故二十五项重点要求》摘要说明

《防止电力生产重大事故的二十五项重点要求》中提出了电力企业生产的二十五项常见典型重点事故，同时给出了预防该类事故的主要依据、标准、管理及具体技术措施。其中，包括的具体内容如下所述：

（1）防止火灾事故；

（2）防止电气误操作事故；

（3）防止大容量锅炉承压部件爆漏事故；

（4）防止压力容器爆破事故；

（5）防止锅炉尾部再次燃烧事故；

（6）防止锅炉炉膛爆炸事故；

（7）防止制粉系统爆炸和煤尘爆炸事故；

（8）防止锅炉汽包满水和缺水事故；

（9）防止汽轮机超速和轴系断裂事故；

（10）防止汽轮机大轴弯曲、轴瓦烧损事故；

（11）防止发电机损坏事故；

（12）防止分散控制系统失灵、热工保护拒动事故；

（13）防止断电保护事故；

（14）防止系统稳定破坏事故；

（15）防止大型变压器损坏和互感器爆炸事故；

（16）防止开关设备事故；

（17）防止接地网事故；

（18）防止污闪事故；

（19）防止倒杆塔和断线事故；

（20）防止枢纽变电所全停事故；

（21）防止垮坝、水淹厂房及厂房坍塌事故；

（22）防止人身伤亡事故；

（23）防止全厂停电事故；

（24）防止交通事故；

（25）防止重大环境污染事故。